농업 상위 1% 스마트팜을 준비하는
예비 농업 경영인의 필독서

스마트팜 농업혁명

박상희 · 김수정 공저

"전직 고등학교 교사 **꽃수정**과 농업경제학 박사(객원교수) **박상희**의
농업·기업가정신 이야기"

차 례

1부 – 농업 가치란 무엇인가?

프롤로그 · 7
제1장_농업 가치는 잘 지키고 있는가? · 13
제2장_농업가치 중시 사례 · 21
제3장_한국 경제성장과 농업의 역할 · 28
제4장_Q&A로 알아보는 농업의 오해와 진실 · 37
제5장_농업의 가치 확산하기 · 77
에필로그 · 93

2부 – 스마트팜 기업가정신

1. 농업, 그리고 기업가정신 · 101
2. 기업가정신 · 108
3. 스마트팜과 혁신 · 115
4. 나만의 기업가정신 만들기 · 122
5. 현재의 농업환경 체크리스트 · 130
6. 성공 농장 분석 방법 · 138
7. 농장 브랜드화 초기 다지기 · 146
8. 농장 브랜드화 구체화하기 · 158
9. 농작물 재배하기 · 171
10. 농업 자격증이 꼭 필요한가? · 175
11. 농업 디자인씽킹 · 177
12. 온실 구축하기 · 184
13. 창업 용어, 농업에 적용하기 · 194
14. 사업자등록과 국가지원사업 · 199
15. 농업 발표하기 · 207
16. 카드뉴스 만들기 · 212
17. 상품 홍보하기 · 215
18. 농업교육, 전문가의 생각 · 219
19. 시설 장소 설정하기 · 236
20. 가격 설정 및 가격 설정 요인 · 240
21. 자기 관리 능력 키우기 · 247
22. 스마트팜 운영자 역할자맵 · 250
23. 매출, 경영비, 순수익 구하기 · 254
24. 농업 외 활동 · 256
25. 고객 관리하기 · 259
26. 캐릭터 굿즈 개발하기 · 273
글을 마치며 · 275

1부
농업 가치란 무엇인가?

프롤로그

5.16 군사정변으로 정권을 잡은 박정희 정부는 근대화를 국가 최고의 정책 목표로 세우고 경제개발 5개년 계획을 추진했다. 박정희 정부의 기본적인 경제성장 정책은 공업화, 특히 중화학공업을 육성하여 수출을 늘리는 것이었다. 그 결과 1950년대 최빈국 수준이었던 우리나라의 1인당 국민총소득GNI 및 국내총생산GDP은 현재 거의 선진국 수준에 도달했다는 평가를 받고 있다.[1]

이처럼 우리나라가 수출주도산업화 정책 성공으로 눈부신 경제성장을 이룰 수 있었던 것은 국가 지도자 및 많은 국민들의 헌신 및 희생과 함께 선도적인 기업인들의 훌륭한 기업가 정신을 빼놓을 수 없다. 선도적인 기업인들의 훌륭한 기업가 정신을 바탕으로 현대·삼성 등 기업들은 우수한 기술력을 확보하고 생산성을 향상시켜 우리나라 경제발전을 이끌 수 있었다.

기업이 우수한 기술력 및 생산성을 확보하고 이를 진보시키지 못하면 시장에서 퇴출당하거나 성장할 수 없다. 이는 농업 분야도 예외가 아니다. 노지, 시설원예, 축산 등 농업 분야의 전주기적全週期的 과정을 ICT 기술에 접목시킨 스마트팜을 통해 기술력과 생산성을 향상시키고 있다.

---

1 **국내총생산(GDP)**: 1960년 400만 달러 → 2022년 1조 6,733억 달러
1인당 국민총소득(GNI): 1953년 66달러 → 2022년 3만 2,886달러

스마트팜 도입은 기술력과 생산성 향상을 통해 농가소득 감소, 농업 경쟁력 약화, 한반도 기상이변 속출 등 우리 농업의 다양한 위기에 대응하기 위한 방안이다. 그런데 우리 농업이 기술력이 향상되고 생산성만 확보된다면, 반도체 산업이나 자동차 산업처럼 세계적인 산업으로 성장할 수 있을까?

농업도 창의적인 아이디어를 내놓고, 불굴의 의지로 불가능을 가능으로 극복한 기업가 정신이 발휘될 때 세계적인 산업으로 성장할 수 있다. 특히, 정주영·이건희 회장과 같은 기업인들은 회사의 성장 및 발전을 위해 반도체 및 자동차 산업의 미래 가치를 높게 보고 투자했다. 만약 이 두 기업인들에게 반도체·자동차 산업의 미래 가치를 높이 보고 투자하는 혜안이 없었다면 이들 기업은 오늘날 이만큼 성장하지 못했을 것이다. 이러한 기업들의 성공한 경험을 교훈 삼아, 우리 청년농업인들도 농업의 가치를 높게 보고 적극적인 노력과 열정을 투자해야 성공한 농민으로 자리매김할 수 있다.

예컨대, 현대자동차그룹이나 삼성전자의 신입사원이 자동차와 반도체의 가치를 높게 본다면 회사의 비전을 믿고 열정적으로 일하게 될 것이다.

열정적인 직원은 창의적으로나, 혁신적으로 일을 하게 되어 직장 내에서 남들보다 한 발 더 앞서나갈 것이고 승진 등 성공 가능성이 높아질 것이다. 반대로 이들이 자사 핵심 상품의 올바른 가치를 인식하지 못한다면 자신들의 역량을 열정적으로 발휘하지 않을 것이고, 직장 내에서 성공 가능성도 상대적으로 낮아질 수밖에 없다.

청년농업인들도 농업의 가치를 제대로 인식하고 농업에 자부심을 가지고 열정적으로 영농에 종사한다면 성공 가능성은 더욱 높아질 것이다.

그러나 오늘날 우리 농업의 현실은 사람들의 잘못된 오해와 편견으로 부정적인 인식이 강한 상황이다. 예컨대, 농민이 되겠다는 청년들을 실패한 사람으로 취급하거나 비전이 없는 농업보다는 다른 분야에 취직을 권하는 경우가 많다. 많은 사람들에게 농업은 비전이 없거나 정부의 지원이 없으면 유지하지 못하는 문제가 있는 산업으로 인식되고 있다.

실제 필자가 농민단체 정책실장, 국회의원 비서관5급 상당, 임기제 공무원6급 상당으로 근무하고, 농업경제학 박사를 취득하고 대학에서 객원교수로서 학생들을 가르치면서, 농업에 대한 세간의 잘못된 오해와 편견으로 많은 아픔을 겪었다.

앞으로 농업에 대한 부정적인 인식이 강해진다면 청년농업인 유입은 요원할 것이고 그나마 정착한 청년농업인들이 성공할 수 있을지 미지수다.

이에, 농업의 가치를 올바르게 인식하고 개선될 수 있도록 농업의 가치를 재해석하고 재평가할 필요가 있다. 이를 통해 청년농업인들이 자부심을 가지고 의욕적으로 영농에 종사할 수 있도록 해야 한다.

필자가 오랜 기간 동안 쌓아온 농업과 관련된 많은 경력과 경험을 통해 얻은 지식으로 농업의 올바른 가치를 제시하여 청년농업인들에게 많은 희망을 심어주고 싶다. 잘못된 오해와 편견으로 부정저인 인식이 강해지고 있는 농업의 가치를 이 책을 통해 제대로 평가하여 제시하고 싶다. 청년농업인들이 이 책을 읽고 농업에 희망과 자부심, 애착을 가지고 열정적으로 영농에 종사하여 성공하는 농민으로 거듭나길 기대한다.

청년농업인들이 정부 및 지자체에 농업 정책 및 재정 지원책을 요구할 때 이 책에서 나온 논리가 근거 자료로 유용하게 쓰이기를 바란다. 물론, 청년농업인들이 정부에게 비합리적인 지원을 요구해서는 안 되며 합리적이고 타당한 지원을 요구해야 한다.

다 산업도 청년 취업 및 창업에 많은 지원을 강구하고 있는 만큼 정부는 비전과 꿈을 가진 청년농업인들이 영농에 성공적으로 정착할 수 있도록 다양한 지원을 확대해야 한다. 많은 자본과 기술, 노동이 투입되는 영농기반 마련을 청년농업인들의 혼자 힘만으로 해결하는 것은 쉽지 않기 때문이다.

이에, 이 책에서는 청년농업인들이 국민들도 공감할 수 있는 합리적이고 타당한 농업지원책을 마련하여 당당하게 요구할 수 있게 농업의 가치를 재정립하여 제시하고자 한다.

행정의 달인 안덕수 전)국회의원님, 농업정책 최고 이론가 이헌목 전)한농연 정책연구소장님, 필자 등 제자들이 존경하고 한국 농업이 나아갈 방향을 지도해 주신 농민 대변인 단국대학교 김호 교수님, 의리과 정의를 중시하고 사익보다는 공익을 우선시하여 농협내에서 많은 존경을 받고 계시는 지준섭 농협중앙회 부회장님, 농업 발전을 위해 열정적인 업무 처리로 올바른 공직관을 보여주신 민연태 전)농금원장님, 탁월한 업무능력으로 농업'농촌'농협 현안을 해결하여 농민조합원들의 권익을 대변해 주신 농협은행 주영준 부행장님, 최고의 연구능력을 보유하신 성결대학교 임형백 교수님, 훈장을 받아도 손색이 없을 만큼 평생을 농수산물 도매시장 발전을 위해 헌신하신 대전중앙청과 송성철 회장님과 송미나 대표님, 도매시장 정책 최고 전문가 대아청과 이상용대표님과 협회 오세복전무님, 훌륭한 인품과 탁월한 업무 추진력으로 농민조합원 권익증진 및 농협 발전에 큰 기여를 하신 농민신문 전용석 전무님, 지사개 동문의 자랑 공주대학교 김정태 교수님, 농권운동의 상징 김준봉 전)한농연중앙회장님과 사무총국 선·후배님, 홍성 최고의 지략가 김승환 전)국장님과 홍성군청 공직자 여러분, 춘천시 신북읍에서 영농에 종사하시면서 자녀들에게 엄청난 존경을 받고 계시는 선도농업인 신상근 아버님, 농민 권익신장을 위해 국회에서 많은 노력을 해주시고 계시는 신연석 보좌관님, 평생 신뢰할 수 있는 농협의 최고 능력자 박병필 센터장님, 필자에게 많은 영감을 주신 최철호 과장님·라정한 본부장님·이석진 전)대표님·임규원 부장님·백대연 부장님·오영석 지부장님·박기홍 국장님·이원구 실장님·이종학 보좌관님·강성호 팀장님·강영주 차장님·이권석 원장님·이영래 총장님·강정현 총장님·서상현 기자님·김상영 기자님, 훌륭한 인성과 능력을 겸비하여 농민조합원들과 국회 보좌관들이 가장 좋아하는 농협중앙회 노대성 국장님, 그리고 능력자 김현수 편집자님, 집필을 권유해 주신 김수정 선생님께 감사의 말씀을 올린다.

제1장

농업 가치는 잘 지키고 있는가?

🌿 아버지가 농민이라 창피했던 필자

    필자는 충청남도 금산군 두메산골 가난한 농촌 마을에서 태어났다. 우리 마을은 조상 대대로 농사로 생계를 이어왔고, 각 가정마다 몇 평 안 되는 논·밭에 관행농법으로 농사를 짓다 보니 마을 전체가 가난했다. 부모님은 논·밭에 나가 농사를 짓다 보니 얼굴은 햇볕에 그을려 항상 까맣고, 가난하다 보니 옷도 남루했다. 농업 기술력 및 생산성도 낮고 영농규모도 작아 가난했던 아버지는 조금이라도 살림에 보탬이 되고자 공장에 잡부로 취직하셨다.

    아버지는 공장일과 농사일을 병행했기 때문에 필자는 어린시절부터 주말과 방학 기간 동안에 아버지의 농사를 도와야 했다. 그래서 친구들과 놀고 싶은 마음이 컸던 필자는 정말 농사일이 싫었다. 아버지는 그런 필자에게 "나처럼 힘들게 살지 않으려면 열심히 공부해야 한다"라며 항상 잔소리를 하셨다.

필자의 어린 시절 농민은 항상 가난한 직업, 농업은 미래가 없는 산업, 농촌은 불편한 거주 공간으로 인식했다. TV에 나오는 회사원, 읍내에 사는 친구 아버지들은 넥타이를 맨 멋있는 사람들이었기 때문에, 농업에 대한 인식은 더욱 안 좋아졌다. 필자는 가난했던 농민인 아버지를 창피해했고 농민의 아들로 태어난 것이 너무 싫었다. 이후 필자는 고교 졸업 후 고향을 떠나 대학에 갔고, 졸업 후 결혼을 하여 아이까지 낳아 키우게 되었다.

몇 년 전의 일이다. 가족과 함께 외식을 하러 연탄불고기 식당에 갔다. 식당 종업원이 연탄에 불을 피우고 자리를 떠나자, 아내는 "연탄 한 장의 가격이 만 원이 넘어야 한다"고 했다. 필자는 "무슨 연탄 한 장이 만 원이 넘어야 하냐"고 물었다. 장인어른은 광부셨는데, 광부가 연탄의 재료인 석탄(무연탄)을 캐기 위해서는 힘겨운 노동의 과정이 수반되기 때문에 연탄 한 장값이 만 원이 넘어야 된다는 얘기였다.

그때 문득 아내와의 연애 시절 기억이 났다. 아내를 처음 만났을 때, 각자 아버지 직업에 대한 이야기를 나누었다. 아버지가 가난한 농민임을 밝히기를 머뭇거리던 필자와는 달리 아내는 아버지(장인)의 직업이 광부라고 자랑스럽게 얘기했다. 아내는 광부의 노력으로 만든 연탄이 없었다면 사람들은 겨울철 엄청난 추위에 고생했을 것이라고 했다. 나무 땔감으로 아궁이에 불을 때고 온돌에서 추위를 피할 수 있었겠지만, 그렇게 됐다면 전국의 산림은 벌거숭이 민둥산으로 초토화됐을 것이라고 했다. 전통 아궁이 온돌의 불편함은 두말하면 잔소리라고도 했다.

필자는 철 없이 행동하던 옛 기억이 떠올라 머리에 돌을 맞은 것처럼 멍해졌다. 어린 시절 농사일을 도우러 논밭에 나가면 아버지는 잘 자라나는 농작물을 보면서 흐뭇해하셨다. "농작물은 주인의 발걸음 소리를 듣고 큰다"고 말씀하시면서 논·밭을 오고 가는 게 행복하다고도 하셨다. 이렇게 농사를 지으시면서 행복해하셨던 아버지를 필자는 가난한 농민이라는 이유로 창피하게 생각한 것이다. 아버지가 힘들게 농사짓고 수확한 농산물로 대학교까지 졸업해서 장성했는데 말이다.

"광부인 아버지가 자랑스러운 아내, 농민이었던 아버지가 창피한 필자" 많은 생각을 들게 했다. 농민의 자식인 필자마저도 농업의 가치를 우습게 보고 농민이라는 직업을 창피해하고 있는데, 과연 국민들은 농업의 가치를 어떻게 보고 있을까? 하는 우려가 불현듯 들었다.

부정적인 인식이 강해지는 농업

"70세를 넘기신 농촌 어르신들은 머지않아 돌아가실 것이다. 언제까지 외국인노동자와 70세 어르신들을 먹여 살리기 위해 국가 재정을 허투루 써야 하는가?" 이는 유명한 정치평론가가 모 라디오 프로그램에서 농업을 폄하하면서 한 발언이다. 논란이 확산되자 이 정치평론가는 "70대 어르신들과 외국인노동자들만 남아 겨우 지탱되고 있는 우리 농업이 앞으로도 과연 지속 가능할 것인지 진지하게 생각해 볼 필요가 있다"는 취지였다고 발언을 해명했지만, 뒷맛은 씁쓸했다.

농업에 대한 무시와 홀대는 다양한 곳에 나타나고 있다. 얼마 전 대통령 명의로 발송된 연말 선물 가운데 외국산 농산물로 구성된 선물 세트가 포함된 것으로 알려져 논란이 일기도 했다.

이뿐만이 아니다. 과거 한·미 FTA 협상이 진행 중일 때, 미국의 대표적인 쇠고기 주산지인 몬태나주의 맥스 보커스 의원은 협상장을 자신의 지역구에 유치하였다.[1] 그는 협상이 시작되기 전, 양국 협상 대표단을 협상장 인근 식당으로 초청해 미국산 쇠고기 스테이크를 대접하고 안전성과 우수성을 홍보하였다. 더 나아가 협상장 바로 앞에 테이블을 갖다 놓고 미국산 쇠고기 스테이크로 식사하기까지 했다.

이와 같은 맥스 보커스 의원의 행동은 당시 미국산 쇠고기 안전성 문제가 논란이 되자 미국 농민을 대표하는 정치인으로서 협상에서 유리한 고지를 선점하기 위한 것으로 보였다.

---

1 제6차 한·미 쇠고기 협상(2006년 12월 개최)

그런데 어이없게도 쇠고기 협상 당시 우리나라 최고위급 관계자는 광우병 사태 해결을 위한 목적이라고는 하지만, 미국산 쇠고기가 안전하고 맛있다고 국내에서 홍보하였다. 한우의 안전성과 품질 우수성을 홍보해야 할 고위당국자가 거꾸로 미국 정치인처럼 미국산 쇠고기 홍보 전도사가 된 것이다. 세계 각국이 자국의 산업 발전 및 보호를 위해 국가 차원에서 다양한 노력을 하는데, 당시 정부 고위당국자의 이와 같은 행동은 비판받아 마땅했다.

이와 반대로 국내 산업 보호를 위해 노력한 사례를 살펴보자. 최근 북미에서 최종 조립된 전기자동차에만 보조금을 지급한다는 내용이 포함된 미국의 인플레이션감축법IRA이 2022년 발효됐다. 이 법이 발효될 경우 한국에서 전기자동차를 생산해 수출하는 우리 기업들은 미국 수출에 막대한 타격을 입게 된다. 그러자 우리 정부는 윤석열 대통령을 필두로 다양한 외교 채널을 가동하여 IRA 시행으로 인한 국내 기업의 피해를 최소화하기 위해 적극적인 노력을 기울였다.

이처럼 한 국가에서 산업의 발전과 부흥은 산업 종사들의 노력은 물론 대통령, 공직자 등의 많은 관심과 지원이 필요하다. 그럼에도 우리나라 일부 공직자들은 과거에는 미국산 쇠고기 우수성을 홍보하고 지금은 외국 농산물로 대통령 선물을 보내면서 외국 농산물 홍보 대사임을 자처하고 있다. 외국 농산물을 사랑하는 공무원이 과연 국가는 사랑하고 있는지는 되묻고 싶다. 공직자들이 우리 농업을 무시하고 홀대하고 있으니, 농업에 대한 부정적인 인식이 강화되고 가치가 하락할 수밖에 없는 게 아닌지? 정부의 주요 정책 결정 및 추진을 책임져야 할 고위 공무원들의 사려 깊지 못한 행동은 농업에 대한 국민들의 인식에 부정적 영향을 적잖이 끼칠 수밖에 없다.

최근의 양곡관리법 논란은 농업의 부정적인 인식을 더욱 가속화시켰다. 쌀은 우리 국민의 주식이면서, 상당수 농민이 경작하는 중요한 소득작물이다. 그러나 최근 몇 년 동안 수확기 쌀값이 폭락을 거듭하며 쌀 생산 농민들의 고통은 날로 커져갔다. 이에 야당은 쌀값 정상화를 통해 쌀 농가들의 생존권을 보호하겠다며 정부의 쌀 의무 매입을 골자로 한 양곡관리법 개정안을 발의했다.[2] 정부와 여당은 가격 보장을 목적으로 쌀을 의무 매입할 경우 막대한 예산이 투입되고, 영농 편의성이 높은 쌀의 재배면적이 늘어나 쌀값이 오히려 하락할 가능성이 높다며 관련 법안을 반대해 갈등은 증폭됐다.

여야 정당들의 각론은 달랐지만, 쌀 산업 및 농민을 보호해야 한다는 총론은 같았다고 생각된다. 문제는 논의의 핵심이 엉뚱하게도 다른 방향으로 흘렀다는 것이다. 실제 양곡관리법 논란 당시 주요 언론들은 "경쟁력 없는 쌀산업", "돈 먹는 하마"라면서 쌀에 대한 부정적인 보도를 쏟아냈다. 이러한 언론보도들이 주를 이루다 보니 쌀산업에 대한 국민들의 부정적인 인식이 강화됐다. 쌀 농가를 보호하겠다면서 여야 정당들은 양곡관리법 개정안에 대한 찬반을 논했지만, 결과적으로 쌀 농가가 얻은 것은 아무것도 없다. 오히려 이번 양곡관리법 논란은 쌀산업을 보호하고 육성하겠다는 당초 취지와는 정반대로 쌀이 국민 애물단지로 전락하여 부정적인 인식이 강화되고 농업의 가치를 하락시키는 결과만 초래했다.

---

[2] 민주당의 양곡관리법은 쌀 수요 대비 초과 생산량이 3~5% 이상이거나, 쌀값이 전년도 대비 5~8% 이상 하락하면 정부가 초과 생산량을 모두 매입하도록 하는 내용을 담고 있음

농업의 가치가 올바르게 평가받기 위한 방안은?

정말 우리 농업은 가치가 낮은 산업일까? 우리 농업은 눈부신 국가경제 발전에 기여하지 못하고 국민들에게 짐만 된 산업일까? 또한 농업경쟁력 향상 위한 노력을 하지 않고 정부의 지원만 바라보는 산업일까? 농업 관련 일에 종사하는 사람이라면, 농업에 대한 부정적인 인식이 왜 강해지는지에 대한 분석과 이를 해소하기 위한 방안은 무엇인지에 대해 고민할 필요가 있다. 농업을 바라보는 국민들의 부정적인 시선이 강해지면 농업에 대한 정부의 정책·예산 지원은 축소될 수밖에 없다.

우리 농업은 기상이변으로 인한 농작물 재해 피해 증가, 생산비 폭등, 농산물 가격 하락 등으로 농가소득이 감소하여 많은 어려움에 직면해 있다. 여기에 더해 농업 선진국과 FTA 체결 영향으로 인한 농업개방 확대는 농민들을 더욱 힘들게 하고 있다.

이런 어려운 상황속에서도 농민들은 엄중한 국방 안보만큼이나 중요한 식량안보를 어려운 여건 속에서 지켜오고 있는데, 국민들은 이러한 농업계의 노력을 잘 알지도 못할뿐더러 언론에서도 자세히 보도해 주지 않는다.

2010년 북한의 연평도 포격 당시 국방 안보에 대한 중요성을 국민들이 인식하게 되자 국방 예산이 대폭 증액되었다. 반면 남북이 평화·화해 모드일 때는 국방예산 증액에 대한 국민적인 공감대가 상대적으로 크게 형성되지 못한다. 농업도 식량안보가 위기에 직면하면 농업에 대한 중요성이 높아져 지원 확대에 대한 국민적 공감대가 형성되겠지만, 식량안보는 한번 무너지면 다시 회복하기 힘들다.

연평도 포격 이후 국민들이 국방 안보를 중요시하게 된 것처럼 농업의 중요성을 인식하고 올바른 가치가 정립될 수 있도록 많은 노력을 기울여야 한다. 국민들의 농업에 대한 가치가 올바르게 인식되고 이를 토대로 정부의 지원이 강화되어야 보다 안정적인 상황에서 미래세대인 청년농업인들이 영농에 종사할 수 있고 식량안보도 지킬 수 있다.

제2장

농업가치 중시 사례

🌿 우리 선조들의 농업가치 중시 사례

역사는 미래를 내다보는 거울이며, 현실을 살아가는 데 있어 교훈이 되고 안내자가 된다. 역사를 통해 우리는 과거의 실수와 성공을 피드백으로 받아들여 새로운 아이디어와 방법을 발견할 수 있다.

이스라엘은 로마의 침략으로 멸망한 후 2천여 년이 흐른 뒤인 1948년 지금의 땅에 국가를 재건했다. 이스라엘의 재건은 성경과 탈무드 등을 통해 얻어진 선조와 역사의 가르침을 잊지 않고 학교와 가정에서 전인적인 교육을 받은 유대인들의 힘을 보여주는 사례이다.

우리나라도 일제 강점기 식민지 치하에서 독립운동가들은 온갖 핍박과 압력에도 역사의 교훈을 잊지 않으면서 민족정신을 드높였다. 독립운동가이자 역사가인 단재 신채호 선생은 "역사를 잊은 민족에게 미래가 없다"[3]고 강조하셨다.

---

3 영국인이 가장 존경하는 정치인 중 한명인 윈스턴 처칠도 "역사를 잊은 민족에게 미래는 없다"라는 명언을 남겼다.

그렇다면 우리 조상들은 농업 가치를 어떻게 인식하고 있었는지 역사를 한번 살펴보자. 결론적으로 우리 조상들은 농업의 가치를 높게 보았고 국가 정책에서 최우선시하였다. 조선 태조 이성계는 한양에 도읍을 정하면서 경복궁 동쪽엔 종묘를, 서쪽엔 사직단을 배치했다.[4] 보통 도읍을 건설할 때 적용되는 좌묘우사左廟右社의 원칙을 조선도 충실히 지킨 것이다.

종묘宗廟는 역대 왕들의 '위패位牌를 모신 사당'이며, 사직은 '토지의 신'과 '곡식의 신' 즉, 농업을 뜻한다. 종묘와 사직의 제사는 최고 국가 중요 행사였는데, 변란 등 사정이 생겨 종묘에 지낼 제사는 생략하더라도 풍년 농사를 기원하는 사직의 제사는 꼭 지내도록 했다. 내일 처자식이 굶어 죽어도 오늘 조상 제사를 지내는 유교의 나라 조선에서 종묘조상보다는 사직농업을 우선시했다는 것을 알 수 있다.

TV 역사드라마에서 "전하폐하, 종묘사직宗廟社稷을 지키시옵소서!"라고 신하가 임금에게 간언을 하는 것을 심심치 않게 볼 수 있다.

임금의 잘못된 점을 바로잡고 나라의 근본인 사직농업을 지키라고, 목숨을 걸고 쓴소리를 하던 신하들은 지금으로 말하자면 국무총리, 장·차관들이다. 지금의 우리나라 고위 관료들이 조상님들처럼 농업 가치를 높게 보고 있는지 궁금하다.

미국산 쇠고기 우수성을 홍보하고, 외국산 농산물로 대통령 선물을 보내는 우리 정부 고위관계자와 당국자들의 행태들이 생각나는 것은 왜일까?

---

4 조선은 '농자천하지대본야農者天下之大本也'의 기치를 내세움

농업 중시 사례는 조선 시대뿐만 아니라 세시풍속을 통해서도 알 수 있다. 세시풍속은 예로부터 전해지는 농경 사회의 풍속이며, 해마다 농사력에 맞추어 관례慣例로서 행해지는 전승적 행사이다. 세시풍속의 대표적인 명절이 한 해 풍년 농사를 기원하는 설날, 풍년 농사에 감사하는 추석이 있다. 이처럼 설날·추석이 농업을 중시하고 감사함을 느끼는 명절임에도 최근에는 설날·추석에 농업의 중요성 등 농업 가치를 되새기며 명절의 진정한 의미를 방송하고 보도하는 언론을 안타깝게도 찾아볼 수가 없다.

미국의 농업가치 중시 사례

이처럼 선조들이 농업을 중시했고 오늘날에도 농업은 식량안보 등 중요한 기능을 담당하고 있으니 통상협상 시 농업을 보호하자고 농민들은 주장해 왔다. 그러면 흥선대원군의 쇄국정책과 다를 바 없는 시대에 뒤떨어진 이야기라고 통상당국 및 언론에서 망신을 준다. 우리는 사대주의와는 다른 시각에서 보편적으로 선진국의 성과물, 그리고 성과물을 만들어낸 그들의 가치와 사고를 벤치마킹하려 한다.

그럼, 선진국들이 자국 농업의 가치를 얼마나 중시하고 있는지 알아보자. 무역의존도가 높은 우리나라는 경제를 활성화시키기 위해 세계 각국과 동시다발적으로 FTA를 추진했다. 특히 이 과정에서 미국과도 FTA를 체결했는데, 협상 과정에서 미국이 끝까지 개방을 요구했던 상품은 미국 입장에서 이득이 큰 제조업 분야가 아닌 쇠고기였다. 더 나아가 2008년 미국산 쇠고기 수입 위생 조건을 크게 완화해주는 한-미 쇠고기 협상 결과에 국내에서는 큰 반발이 광우병 사태로 번져 큰 홍역을 치렀다. 이처럼 미국 정부가 공산품에 비해 상대적으로 자국 이득이 적은 한국 쇠고기 시장을 대폭 개방할 것을 요구한 것은 콘 벨트Corn Belt[5] 지역 의원들과 미국 축산육우협회 등 농민단체들이 가한 강력한 압력의 결과였다.

---

[5] 콘 벨트(Corn Belt)는 1850년대 이후로 지금까지 미국 내 옥수수 생산을 지배하고 있는 미국 중서부 지역. 미국에서 콘은 옥수수를 의미하는 보통 명사. 더 일반적으로 말해 콘 벨트라는 개념은 농사와 농업에 의해 지배되는 중서부 지역을 함축

통상협상에서 가장 중요한 것은 정부의 의지인데, 한·미 FTA 협상에서 우리 농업의 가치를 높게 인식하고 보호하려는 정부의 의지는 없었다.

실제, 미국 정부는 협상에서 쇠고기 뿐만아니라 국내 농산물 시장 전면개방을 적극적으로 요구했는데, 우리 정부는 이를 수용하여 국내 농산물 시장을 대폭 개방하였다.

미국 정부는 미국 내 총생산액GDP에서 쇠고기 등 농업이 차지하는 비중과 인구 대비 농민 인구도 비율도 낮은데도 불구하고 농민들의 이익을 대변했다. 협상 과정에서 제조업 등 다른 분야에서 자국의 더 큰 이득을 찾을 수도 있었겠지만, 오히려 농업에서 이득과 가치를 찾은 것이다.

미국에는 크리스마스, 부활절, 추수감사절의 3대 명절이 있다. 그중에서 최대 명절은 농업과 관련된 추수감사절이라고 한다. 한·미 양국 모두 농업 전통에서 유래한 명절을 최대 명절로 여기고 있지만, FTA 협상에서 미국은 농민의 이익을 대변했고 우리는 농민의 피해를 선택했다.

🌿 일본의 농업가치 중시 사례

앞에서 보았지만, 우리나라는 2023년 말 기준 총 59개국과 21건의 FTA자유무역협정를 비준·발효했다. 그러나 경제 규모가 엄청나게 크고 우리나라와 바로 인접해 있어 무역이 손쉽게 이루어질 수 있음에도 우리나라가 FTA를 체결하지 않은 국가가 있는데, 그 국가는 바로 일본이다. 2022년 한국무역협회 자료에 의하면 일본은 우리나라 무역상대국 수출·입 비중 순위에서 4위이고, 국가 경제 규모는 미국·중국에 이어 세계 3위이다.[6]

우리나라 바로 옆에 세계 경제 규모 3위의 시장이 있는데 왜 우리나라는 일본과의 FTA를 체결하지 않았을까? 다양한 이유가 있겠지만, 가장 큰 이유는 일본 정부가 자국 농업을 개방하지 않겠다는 의지가 컸기 때문이다. 한·일 FTA가 한참 논의 중이던 2000년 중반 관련 자료들을 살펴보면 그 이유를 알 수 있다. 2006년 오시마 쇼타로 당시 주한 일본대사는 한·일 FTA 논의가 진전되지 못하는 것은 한국이 일본에 농업개방을 요구하기 때문이라고 말했다.

2004년 국책 연구기관인 한국농촌경제연구원KREI이 발표한 자료에 의하면 한·일 FTA 체결로 관세가 철폐되면 우리나라는 대일 농산물 수출로 연간 5,800만 달러의 수출 증대 효과가 나타날 것으로 예상됐다.

만약, 한·일 FTA가 추진되었다면 우리 농업은 FTA 추진 역사상 처음으로 수혜 업종이 될 수 있었는데, 일본의 자국 농업개방 반대로 무산되었다.

---

6   현재 대일 무역적자 누적 규모는 양국이 국교를 정상화한 1965년부터 2022년까지 57년간 7,000억 달러에 이름. 한화로 환산하면 26조 1,000억 원 수준으로 막대한 금액

세계 경제 규모 3위를 자랑하는 강대국 일본은 당장의 이익보다는 자국의 농업을 보호하겠다는 의지가 높았다. 농업의 가치를 우선시했기 때문에 자국 농업 피해가 우려되는 한·일 FTA를 추진하지 않았다.

일본 정부가 자국 농업개방 의지가 있었다면 농민들이 반대할지라도 한·일 FTA를 추진·체결했을 것이다. 일본 정부는 지금도 통상협상에서 농업 개방에 대해 소극적인 자세를 보이고 있다.

일본을 이야기하다 보니 임진·정유 두 왜란 당시 절체절명의 위기의 조선을 구한 성웅 이순신 장군이 생각난다.

임진왜란 발발 이듬해인 1593년 7월 삼도수군통제사 이순신은 사헌부 지평 현덕승에게 보낸 편지에서 "양무호남 시무국가若無湖南 是無國家[7]"라는 표현을 쓴다. 이는 '국가 군량을 호남에 의지했으니 만약 호남이 없으면 국가조선도 없다'는 전쟁 정황을 전한 것이다. 곡창 지대인 호남이 왜에 점령되지 않아 군량미 조달이 가능했고 남해의 제해권을 장악할 수 있었다는 이순신 장군의 전략적인 판단을 엿볼 수 있다.

이순신 장군의 이러한 혜안과 활약으로 조선은 임진왜란을 이겨낼 수 있었다. 이에 이순신 장군은 세종대왕과 함께 우리 민족 최고의 영웅으로 불린다. 농업식량 전초기지인 호남을 지켜 국난을 이겨낸 이순신 장군이 농업의 가치가 훼손되고 폄하되고 있는 작금의 현실을 보면 다음과 같이 한탄하지 않았을까 생각해 본다.

"양무농업 시무국가若無農業 是無國家"

농업이 없으면 대한민국도 없다.

---

[7] 충무공 이순신은 임진왜란 발발 후 1년쯤 지난 1593년 7월에 사헌부 지평 현덕승에게 보낸 편지에서 "절상호남국가지보장 약무호남시무국가(竊想湖南國家之保障 若無湖南是無國家)"라고 했음. 이는 "가만히 생각하건대, 호남은 국가의 보루이다. 만약 호남이 없으면 국가도 없다"란 뜻

제3장

한국 경제성장과 농업의 역할

경제민주화와 경제발전 초석이 된 농업(농지개혁)

우리나라는 대한민국 정부 수립 직후 대지주와 비농가가 소유하거나 자경하지 않는 농지, 적산농지(敵産農地)[8] 등에 대한 소유권을 경작자에게 이양하는 농지개혁[9]을 단행했다. 농지개혁은 농업경영의 합리화와 농촌의 민주화를 촉진하여 실경작인 소작농을 보호하기 위한 조치로 시행됐다.

농지개혁을 통해 우리 농민들은 유상으로 농지를 확보하여 일제강점기 동안 이어졌던 소작농 체제를 극복하고 자작농 체제로 전환되면서 경제적 기반을 얻게 됐다. 정부는 지주들의 반발을 최소화하기 위해 '유상매입 유상분배'[10] 방식의 농지개혁법을 추진해 1949년 6월 국회에서 통과시켰다.

---

8 일제강점기 일본인이 소유했거나 조선총독부 등의 명의로 되어 있던 재산을 뜻함
9 1차~2차 농지개혁을 실시하였는데 그 방식과 내용은 일부 상이함
10 이후 1950년대 말 북한 농업은 집단농장·협동농장 체제로 전환됐고, 이는 북한 농업의 고질적인 생산성 저하의 원인이 됨

농지개혁 대상이 된 지주들에게는 국가사업에 대한 우선참여권이 주어졌고, 실제로 1950년 4월부터 농민들에게 토지 분배가 시작됐다. 이에 따라 35%에 불과했던 자작 농지가 1951년 말에는 96%로 증가했다. 지주들의 재산이 산업화의 기반이 됨과 동시에 농민들은 자신의 토지를 소유할 수 있게 되었다.

전 세계가 주목한 대한민국 높은 교육열은 농지개혁으로부터 시작되었다고 평가된다. 농지개혁 이후 많은 농민이 자작농으로 전환하여 노력만 하면 삶을 개선할 수 있다는 희망을 품을 수 있게 됐으며, 이는 자녀를 향한 교육열로 이어졌다. 소작농은 더 이상 지주에게 고율의 소작료를 납부하지 않게 되어 소득이 증가했고 교육에 투자할 수 있었다. 1948년 문맹률은 절반에 가까웠지만 우리나라의 높은 자녀 교육열은 문맹을 퇴치하는 성과를 가져오게 되었다. 뿐만 아니라 고등교육을 받은 자녀들은 공직자로 임용되거나 기업 등에 취업하여 대한민국 경제성장의 역군이 되었고, 1970년대 이후 우리 경제성장을 이끈 산업화 세력으로 등장하게 되었다.

농지개혁을 계기로 이전에 만석꾼으로 불리던 대지주 계층은 토지 대신 자본을 보유하게 되었는데, 이들은 토지를 보상받은 자본으로 기업을 창업하였다. 이들 기업은 설탕·칫솔·치약·섬유 등을 생산하여 양질의 일자리를 만들고 국민들의 삶의 질을 향상시켰다. 이렇게 땅의 시대에서 산업의 시대를 연 장본인들이 삼성 이병철, LG 구인회, 효성 조홍제 등 국내 굴지의 기업 창업자들이다.

이처럼 농지개혁은 농민의 경제적 자립은 물론 우리나라의 높은 자녀 교육열 형성 및 문맹 퇴치, 혁신 기업가 등장 등으로 경제발전의 초석을 다졌다. 또한, 과도한 빈부격차를 보다 평등하게 조정하기 위한 측면을 볼 때 대한민국 최초이면서 성공한 경제민주화 정책이다. 대한민국 경제발전 및 경제민주화의 시작이 농업 분야에서 시작된 것이다.

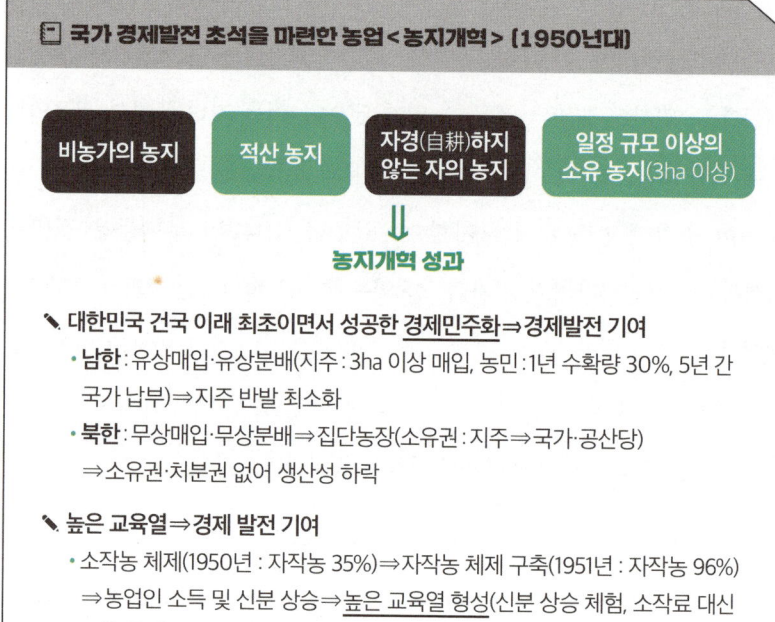

🌿 수출주도형 산업 육성 정책의 토대가 된 농업

1950년대 시행한 농지개혁은 일부 한계는 있었지만, 여러 측면에서 성공적으로 안착하였다. 그러나 이전의 일제 수탈과 동족상잔의 비극인 6.25로 전 국토는 피폐해진 상황이었다. 더욱이 3.15 부정선거로 촉발된 4.19 혁명, 5.16 군사정변이 이어지면서, 우리나라는 정치적으로 큰 혼란을 겪고 있었다. 이에 1962년, 박정희 국가재건최고회의 의장은 빈곤 및 식량난, 자원 부족 등 국가의 총체적인 위기를 극복하기 위해 경제개발 5개년 계획을 발표하고 본격 추진하였다.

자원이 절대적으로 부족하고 국내 소비시장마저 취약했던 우리나라는 수출산업 육성을 통해 경제발전을 도모했다. 급속한 공업화를 통해 고도 경제성장을 이룩하기 위해서는 도시에 저임금 공장 노동자가 대량 필요했다. 이에 정부는 농촌 내 젊은 농민들의 대규모 이농 및 이탈을 촉진하기 위해 저곡가정책低穀價政策을 시행했다. 낮은 농산물 가격으로 인해 소규모 농가들의 탈농이 이어졌고, 도시로 이주한 농민들은 저임금 노동자가 되어 산업 발전의 동력이 되었다.

저곡가정책은 서민 가계비 절감이라는 정책 목표를 달성하여 저임금 체제를 통한 수출품의 가격경쟁력 확보를 가능케 함으로써 국가 경제발전에 크게 기여하였다.

실제, 저곡가정책은 저임금 근로자들의 생활비를 크게 절감시켜 주어 수출 산업 역군이 된 근로자들은 적은 임금으로도 도시에서 생활할 수 있었다.

이후 1970년에는 주곡인 쌀의 자급을 목표로 통일벼를 중심으로 증산의 효과를 거둬 1975년에는 완전한 쌀 자급을 이뤄낼 수 있었다. 다만, 쌀 증산이 농가소득 증대 등 농촌경제활성화로 이어지지 못했다. 중장기적으로는 시장에서 낮은 쌀값 형성은 쌀 수익성 악화로 이어져 농가경제에 큰 부담으로 작용했다.

이를 증명하듯 1960년대 초반까지 국내총생산GDP의 40%가 농업에서 나오고 인구의 약 70%가 농촌에 거주했는데, 지금은 농가경제 악화로 인해 농촌 및 농업인구 비중이 매우 낮다.

저곡가정책을 토대로 수출주도산업화 정책 성공을 통해 우리는 급속한 경제성장을 이룰 수 있었지만, 그 이면에는 농민의 희생과 헌신이 있었다.

수출주도형 산업 육성 경제성장 정책의 토대가 된 농업

중화학 공업육성(수출 산업)을 위해 경제개발 5개년 계획 시행

- 1960년대 농촌 인구 60%⇒도시 노동자 인력 필요⇒탈농 유도를 위해 저곡가정책 실시
- 탈농⇒도시 노동자 인력 유입
- 수출산업 가격 경쟁력 확보를 위해 도시 노동자 저임금 정책 실시
- 저임금 노동자, 생활비 절감을 위해 저곡가정책 가속화

※ 저곡가정책⇒농업의 희생⇒수출주도산업화 정책 성공(중화학 공업 육성 등)⇒ 국가 경제발전 토대가 됨

🌿 지금도 경제발전을 위해 희생하고 있는 농업

정부 당국자들은 무역의존도[11]가 높은 우리나라에서 수출이 국가 경제 성장을 위해 가장 큰 역할을 담당한다고 말한다. 그렇다면 우리나라 경제발전의 버팀목은 수출이기 때문에 수출에 많이 기여한 산업을 경제발전 효자 산업으로 볼 수 있을 것이다.

우리나라의 수출 확대를 위해 많은 노력을 기울이고 기여한 것은 당연히 제조업체 등 수출 기업을 꼽을 수 있다. 그러나 개인이 성장하고 성공하기 위해서는 본인의 노력도 중요하지만, 부모님의 희생 등 조력이 필요하다.

오늘날 수출 등 자유무역 확대를 위해 희생하고 기여하고 있는 산업 및 분야는 무엇인지 분석해 보자.

전 세계 각국은 수출·입 등 무역을 하기 위해서는 다양한 원칙과 규정을 준수해야 한다. 이에 공산품은 제2차 세계대전 이후 1947년 수립된 GATT 체제 이후 1970년대 후반 무역자유화가 완성 단계에 와 있었다.

그러나 1980년대 들어 GATT 체제에서 제외되었던 농업 분야가 협상 대상에 포함되었고, 우루과이라운드UR 협상을 통해 '예외 없는 관세화'를 통한 농산물 시장 개방이 합의되었으며, 1995년 WTO세계무역기구가 출범하게 되었다. 우리 농업은 쌀을 제외하고 대다수 품목은 높은 관세를 유지할 수 없어 값싼 외국 농산물 수입으로 큰 피해를 입게 되었다.

---

11 **무역의존도** : 한 나라의 경제가 무역에 얼마나 의존하고 있는가를 나타내는 지표. 현재 우리나라 무역의존도는 63.1%임

이후 회원국들은 WTO 내에서 자유무역을 더욱 확대하려 했다. 그렇지만 개발도상국은 선진국의 수출보조금 폐지를 주장하고, 선진국은 개발도상국의 높은 관세율 철폐를 주장하는 등 여러 핵심 쟁점에 합의를 하지 못했다. WTO 체제는 회원국들의 합의가 이뤄져야 하는 다자간 무역 협상이기 때문이다. 회원국들의 이견 속에 WTO 내에서 자유무역이 확대되지 않자, 우리나라는 상대적으로 합의가 쉬운 양자 간 통상협상인 FTA 체결을 통해 자유무역을 확대했다.

주지하다시피 우리 정부는 세계 각국과 동시다발 FTA를 체결했고, 전 세계에서 FTA를 가장 많이 체결한 국가라고 자부하고 있다.

그런데 우리나라가 FTA를 체결한 국가들의 면면을 보면 미국, 중국, EU유럽연합, 칠레, 호주 등 공교롭게도 대다수 농업 선진국들이다. 이처럼 우리나라는 농업 선진국과 FTA체결, 쌀 관세화 등 농산물 개방을 가속화 하였다.

이에 따른 영향으로 세계은행WB에 공개된 한국의 농업부문 무역개방도 농림수산업 부가가치 기준는 1999년 28%에서 2022년 46%로 크게 늘었다.

같은 기간 경제협력개발기구OECD 회원국의 농업부문 무역개방도 평균치는 36%에서 44%로 오르는 데 그쳤고, 호주는 39%에서 21%로 오히려 크게 낮아졌다. 이와같은 농업의 희생·개방속에 많은 국내 수출기업들은 FTA 체결로 많은 수혜를 입을 수 있었다. 과거와 마찬가지로 지금도 우리 농업은 국내 기업들의 제품 수출을 위해 많은 희생을 치르고 있다.

만약, 외국 농산물이 수입되지 않고 있다면 오늘날 국내 농산물 가격은 지금보다 훨씬 높은 가격이 형성되어 농민들의 이득은 증가했을 것이다.

물론, 식량자급률이 낮은 우리나라 여건상 외국 농산물 수입은 일부 불가피하지만, 필요 이상으로 수입하여 농가 피해가 양산된 사례는 부지기수不知其數이다.

자유무역을 주창한 리카도D. Ricardo[12]는 각국은 생산성이 높은 제품만 생산하고 생산성이 낮은 제품은 타 국가에서 생산해 상호 교역이 이루어져야 국가가 발전할 수 있다고 했다. 그러나 무역이 생산성이 낮은 제품을 무조건 수입해야 하는 방식이라면, 농업 후진국은 농산물을 생산하지 않고 농업 선진국 농산물을 수입해야 한다. 농업경쟁력이 없는 국가는 농산물을 생산하지 않고 당장은 값싸게 농산물을 수입할 수 있을 것이다. 그러나 농업 수출국들은 농업 기반 및 농업 경쟁력이 약한 국가들의 생산 기반이 붕괴됐을 경우 농산물 수출 가격을 대폭 인상하거나 수출을 제한하는 등 엄청난 횡포를 가할 것이다. 식량안보가 무너질 경우 국가 안위에도 문제가 생길 수 있는 만큼 전 세계 모든 국가들은 식량안보를 매우 중요시하고 있다.

---

12 데이비드 리카도(《경제학과 과세의 원리》 저술): 모든 물건을 자기 나라에서 다 만들려고 하지 말고, 각자 가장 잘 만들 수 있는 것을 전문적으로 만들어야 함. 그리고 이것을 서로 자유롭게 사고파는 것이 두 나라 모두에게 이익이 됨. 자유 무역은 서로에게 축복임.

그리고 오늘날 FTA 등 무역 정책은 리카도의 제안처럼 자국의 생산성이 낮은 제품을 수입하고 생산성이 높은 제품을 수출하여 각 국가의 약점을 보완하고 축복받는 방식으로 자유무역을 추진하고 있지 않다. 각국은 비교열위에 있는 상품을 개방하여 희생을 선택하고, 비교우위에 있는 상품을 수출하여 이득을 취하고 있다. 특히, 일부 국가는 자국 산업의 수출을 위해 심각한 피해가 우려될 정도의 품목과 물량까지 개방하여 피해 산업 종사자들은 큰 고통을 감내하고 있다. 우리나라의 경우 농업 선진국과 동시다발 FTA 추진을 통한 국내 농산물 시장개방으로 우리 농민들은 엄청난 희생을 강요당하고 있다. 협상에서 농업개방은 불가피하다고 말하지만, 국내 기업 수출 확대를 위해 농업 개방, 농업 희생이라는 손쉬운 방법을 택한 것이다.

참고로 전 세계에서 해당 국가의 민감 분야가 농업일 경우 자국 농업을 대폭 개방하면서 자유무역을 확대하고 있는 국가는 전 세계에서 유례를 찾아보기 힘들다.

우리나라 농업개방 및 주요 통상 협상 체결 현황

1993년	UR 협상 타결
1994년	쌀 관세화 1차 유예 < 의무 수입 물량 증대 >
1995년	WTO 체제 출범
2004년	한-칠레 FTA 발표
2005년	쌀 관세화 2차 유예 < 쌀 의무 수입 물량 증대 >
2012년	한-미 FTA 발표
2015년	쌀시장 전면 개방 선언
2021년	쌀 관세화율 513% 확정 ⇒ 관세화

제4장

Q&A로 알아보는 농업의 오해와 진실

　농업경영 환경이 개선되고 산업으로서의 위상이 높아졌음에도 불구하고, 농업에 대한 잘못된 사회적 편견과 오해는 1970년대 수준에 머물고 있다. 일반인들의 농업에 대한 이러한 부정적인 인식은 농업의 위상 추락은 물론 청년농업인들의 영농 의욕 상실까지 초래할 수 있다.

　농업의 부정적인 인식을 불식시키고 올바른 가치를 재정립하기 위해 Q&A 방식을 통해 농업에 대한 잘못된 오해와 진실을 알아보자.

🌱 농업은 국가 경제발전 기여도가 매우 낮은 산업이죠?

Q 농업은 제조업 등 타 산업에 비해 고용 창출, 총생산액이 미미하여 국가 경제발전에 대한 기여도가 낮죠?

A 농업은 농민들의 고용유지와 전·후방 산업들을 통해 다양한 부가가치를 창출하여 국가경제발전에 기여하고 있습니다.

재화나 서비스를 생산하는 산업이 국민총생산GDP 기여도가 높으면 국가경제발전에 기여하는 산업으로 대체로 평가를 받는다. 아울러 국민총생산과 함께 산업의 고용은 우리나라 경제활성화에 많은 기여를 하고 있다.

우리나라의 경우 고용창출 → 소비증대 → 기업이윤 증대 → 고용창출 등의 구조가 선순환되어야 경제가 활성화되기 때문이다.

예컨대 완성 자동차의 경우 2만~3만여 개의 부품으로 이루어지기 때문에 완성차 업계와 협력업체 등에서 다양한 고용을 창출하고 있다. 이 때문에 자동차 산업이 반도체 산업보다 생산액은 적지만, 고용유지 및 확대 등 추가적인 부가가치 창출 측면에서 반도체 산업 못지않게 국가 경제에 기여하고 있다는 평가를 받고 있다.

농업은 1차 산업이고 여기에 종사하는 농민의 수와 농업 비중은 줄고 있기 때문에, 고용 및 생산 창출 효과가 매우 미미한 것으로 인식되고 있다. 그렇다면 농업이 고용 유지 및 창출, 국가 총생산에 얼마나 많이 기여하고 있는지 쌀 산업의 예를 통해 알아보자.

우선 쌀은 한 해 약 8조 9천억 원을 생산하고 39만 쌀 경작 가구[13]의 고용을 유지함으로써 국가 경제발전에 기여하고 있다. 여기까지는 일반적으로 다 아는 내용이다. 그런데 쌀을 생산하기 위해서는 "파종 → 생산 → 관리 → 수확 → 수확 후 관리"에 이르기까지 다양한 단계의 농작업이 필요하다. 또한, 쌀과자나 햇반 등 쌀을 가공하여 기업활동을 하는 쌀 가공식품회사들도 많다.

대표적인 쌀 관련 기업은 농우바이오 종자회사, 팜한농 농약회사, 남해화학 비료회사, 대동 농기계 회사, CJ 쌀 가공식품회사 등이 있다. 실제, 우리나라 농가인구만 보면 217만 명이지만 식품산업에 종사하는 사람들이 298만 명, 농기계, 비료, 종자, 농식품 유통 등 전·후방 산업 종사자까지 하면 580만 명, 가족들까지 포함하면 농업에 관련된 인구가 전 국민의 20%는 된다. 여기에 그린바이오, 푸드테크, 스마트농업, 반려동물 연관 산업까지 합한다면, 향후 농업계의 고용 및 부가가치 창출 가능성은 무궁무진하다.

이처럼 농업은 농민 고용유지 및 창출, 농산물 생산을 통해 국가 경제발전에 기여하고 있을 뿐만 아니라 농업 관련 전·후방 산업들을 통해 더 많은 고용과 부가가치를 창출하고 있다.

---

13 2023년 통계청 발표. 통계청 발표는 쌀 경작 농가 수이기 때문에 부부가 공동으로 경작하는 쌀산업 특성상 고용을 창출·유지하는 농민의 수는 더 많을 것으로 추산됨

한국은행에서 작성·발표하는 산업연관표에 따르면 농수산물의 부가가치 유발계수는 0.848로 조립가공 제품0.649, 건설0.804보다 높다. 농수산물에 대한 최종 수요가 1,000원 발생했는데, 타 산업의 부가가치 창출을 유도해 국가 전체적으로 848원의 높은 부가가치를 창출했다는 것을 의미한다.

또한, 농업·농촌은 은퇴한 도시민들에게 새로운 직장을 제공고용 창출하고 삶의 터전을 마련해주고 있는데 바로 그것이 귀농·귀촌이다. 뿐만 아니라 농업은 생산액 58조 6,310억 원[14], 공익적 가치 263조 원[15], 식품산업 100조 원 시장 형성에 기여 등 다양한 측면에서 국가 경제 발전에 보탬이 되고 있다.

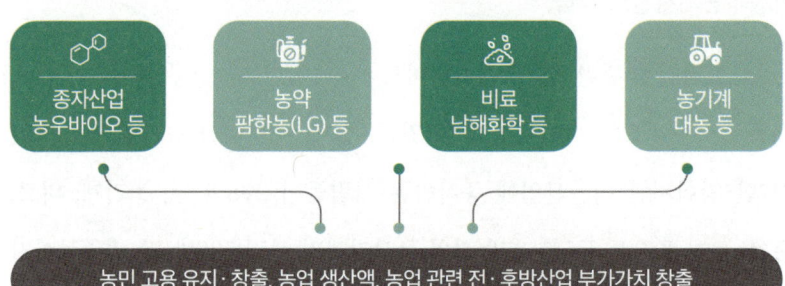

---

[14] 2023년 농업전망, 한국농촌경제연구원(2023)
[15] '농의 가치 확산과 교육의 역할' 심포지엄 양승룡 교수 발표자료(2023)

농업은 국가 효자산업이 될 수 없나요?

Q 농업 문제는 국가와 국민에게 짐이 되고 있죠? 농업이 국가의 난제를 해결하는 효자산업이 될 수 없을까요?

우리 농업은 주식인 쌀 자급을 통해 국가 최대 고민거리인 식량난을 해결한 효자산업입니다.

국가에서 많은 관심을 가지고 농업에 지원했는데, 농업 경쟁력 저하 등 고질적인 문제가 해결되지 않았다는 이유로 농업은 국가 최대 난제 산업으로 인식되고 있다. 하지만 농업은 국가 최대 고민거리인 식량난을 우리 주식인 쌀 자급을 통해 해결했다.

국가 경제발전 5개년 계획[16]의 핵심 정책 목표는 수출산업 육성을 통한 경제발전과 식량난 해결이었다. 식량난 문제는 우리 민족 5천 년 역사를 통틀어 해결하지 못한 국가의 핵심 난제였다.

이에 정부는 식량난 해결을 위해 나품종 수확 품종인 통일벼 품종을 개발하여 보급시켰다. 또한, 논 경지정리 사업을 실시하여 영농 기계화 촉진 및 용배수로 관리 등 농업노동의 생산성을 증대시켰으며, 여기에 화학비료의 보급은 작물의 성장과 수확량을 더욱 향상시켰다.

---

[16] 경제개발 5개년 계획은 박정희 정부 주도로 1962년부터 1996년까지 총 7차에 걸쳐 실행된 경제 발전계획으로 정부 주도의 외자도입 및 수출 정책 등을 바탕으로 노동 집약적 산업에서 중화학 및 중공업으로 확대했으며, 그 결과 '한강의 기적'으로 불릴 정도로 유례없는 고도의 경제 성장을 이뤄냄

그 결과 1950~1960년에는 보릿고개 등으로 아사자가 속출하였으나 1975년에는 쌀 자급률 100%를 돌파하는 녹색혁명을 이뤄냈다. 이처럼 논 경지정리, 통일벼 및 화학비료 보급 등을 통해 식량난을 해결한 우리 농업은 심각한 식량난에 허덕이고 있는 많은 개발도상국들로부터 롤 모델role model이 되고 있다.

이에 반해 우리나라는 부동산이나 교육 등의 문제 해결을 위해 엄청나게 많은 예산을 투입하였음에도 문제가 해결되지 않고 있으며, 오히려 심각해져 사회문제가 되고 있다. 우리 농업은 쌀 자급을 통해 국가 최대 난제인 식량난을 해결하여 국가 발전에 기여한 효자산업이다.

국가 최대 난제인 식량난을 해결한 우리 농업

1950년 6.25당시 파괴된 한국 모습

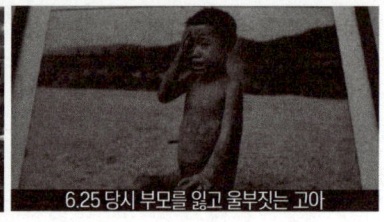
6.25 당시 부모를 잃고 울부짖는 고아

1950년대 한국 전체 인구의 20 ~ 25%는 기아 위기에 직면
<1970년대 우리 농업, 식량난 해결 위해 경지정리와 통일벼, 화학비료 보급>

- **경지정리 효과(기반 정비)** ⇒ 농로 개설하여 기계화 촉진, 물 관리가 편리하고, 분산 소유 농경지 집단화로 농업경영의 합리화를 꾀함
- **통일벼 품종 개발(기술 혁신)** : 통일벼, 뛰어난 생산성으로 1970년대 식량 자급을 가능하게 함
- **화학비료 보급 효과(생산성 향상)** : 화학비료의 보급은 작물이 성장과 수확량을 더욱 향상시킴

《결과》 - 1975년 쌀 자급률 100% 달성
   - 기술력/생산성 향상으로 대한민국 5,000년 역사 이래 최고 국가 난제 쌀 자급 문제 해결
   - 농업은 국가 최대 난제인 식량난을 해결한 효자산업(교육·부동산 난제 미해결)

🌱 우리 농업의 경쟁력은 언제 쯤 향상될까요?

 우리농업은 경쟁력을 향상을 위한 노력이 부족하고 생산성도 낮아 외국농산물보다 경쟁력이 낮은거죠?

농업은 수십 년간 경쟁력 향상을 위한 노력으로 국내 쌀의 선호도가 외국쌀보다 좋고, 세계 수준의 높은 토지생산성 등 많은 경쟁력을 확보했습니다.

그간 농업은 농민들이 경쟁력 향상을 위한 노력을 하지 않았고, 이에 따라 생산성도 낮아 외국농산물과 가격차가 높고 경쟁력이 떨어진다는 비판을 받아왔다.

우선 일반적으로 국민들이 잘 알고 있는 국내 쌀의 경쟁력부터 알아보자.

WTO세계무역기구 체제하에서 우리 쌀 산업은 경쟁력이 없어 의무 수입 물량 증대 등 엄청난 대가를 치르면서 1994년과 2005년에 쌀 관세화를 두 차례 유예하였다. 왜냐하면, 우루과이라운드가 논의될 때 미국의 칼로스 등을 포함한 외국쌀이 관세화를 통해 수입될 경우 우리 쌀 산업은 붕괴될 수도 있다는 위기감이 고조됐기 때문이다. 그러나 우리 농업은 이러한 위기를 강 건너 불구경하지 않았다. 농가 규모화 등 농업 인프라 확충과 기계화 촉진, 품질 경쟁력 향상에 많은 노력과 투자를 통해 경쟁력을 향상시켜왔다.

이후 2021년 쌀 시장을 완전 개방_{쌀 관세화}하였지만 의무 수입 물량 이외에 외국쌀은 한 톨도 국내에 들어오지 않고 있다. 물론, 쌀에 대한 관세율을 513%로 높게 설정하여 외국쌀이 수입되지 않는 것이 주요 요인이지만 다른 한편으로는 그만큼 국내 쌀산업의 품질 경쟁력이 향상되었다는 것을 의미한다.

실제, 2004년 쌀 협상 결과에 의해 의무수입물량_{MMA} 중 일부가 밥쌀용으로 국내 시장에 공급되고 있으나 일부 식당이나 대형 급식소에서 구매할 뿐 일반 국민들은 외국쌀을 구매·선호하지 않는다.

이는 농민을 비롯하여 정부·학계·관련 업계 등에서 다양한 노력을 기울여 온 결과물이다. 국내 쌀 산업 경쟁력 향상을 위해 노력을 하지 않았다는 일부 비판이 있지만 다양한 측면에서 우리 농업은 경쟁력 향상을 도모해 왔다.

또한, 우리나라 재정·금융당국은 우리 농업 생산성이 낮아 외국 농산물과 국내 농산물 가격차가 크다고 비판한다.

우리나라 국민 1인당 농지 면적이 373㎡_{113평}에 불과하여 도시국가를 제외하고 전 세계에서 가장 작다.

토지가 좁고 인구가 많은 국가는 토지가 풍부한 국가에 비해 토지 임차료가 매우 높고, 이는 생산비로 연결되어 결국 높은 농산물 가격으로 이어진다. 그러나 농산물 특성상 단순히 농산물 가격이 높은 것이 경쟁력이 낮은 것이라 할 수 없으며 동질성이 있는 품목을 통해 경쟁력을 비교해야 한다.

예컨대 사과의 경우 품목이 10개가 넘고 크기에 따라 가격이 천차만별이다. 우리나라 소비자들은 가격이 비싼 크기가 큰 과일대과을 선호하지만 미국 및 EU는 가격이 다소 싼 중·소과를 선호하기 때문에 사과 한 개 가격으로 경쟁력을 비교하기에는 무리가 있다.[17]

그리고 우리 농업은 농민 고령화로 시간당 노동생산성은 낮지만 제한된 토지에서 기술·자본·노동을 효율적으로 잘 투입하여 얻은 단위면적당 토지생산성은 세계 최고 수준이다. 농업의 경우 생산구조가 유사한 국가를 찾아 기술·자본·노동 등이 통합된 '총요소생산성'을 통해 경쟁력을 비교해야 올바른 가정·평가가 이뤄진다.

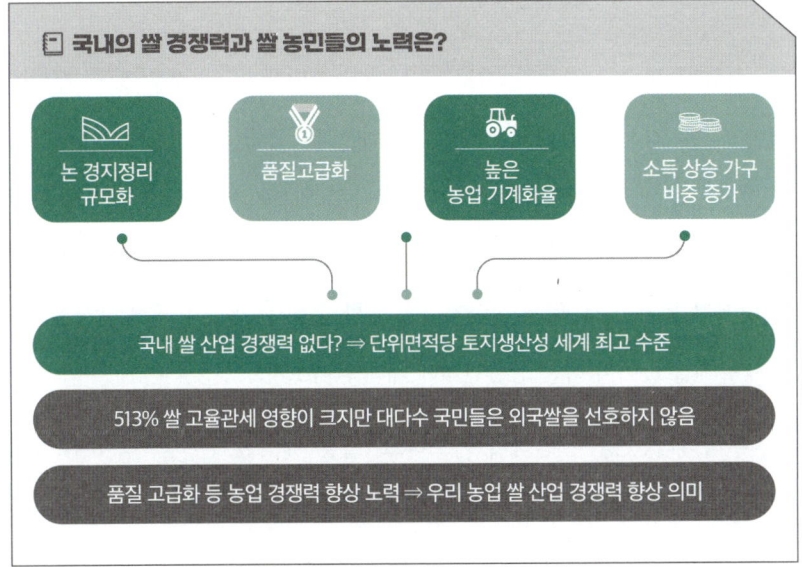

---

[17] "정부와 한국은행의 농식품 물가 논쟁을 보는 시각"(GSnJ 논단, 서진교 원장, 2024)

쌀도 남아도는데 농지규제를 풀고 개발해야죠?

 쌀도 남아도는데 농지가 너무 많은 거 아닌가요?
특히, 농민들의 재산권 보호 측면에서 농지 규제를 풀어야 하는거 아닌가요?

우리나라는 쌀을 제외한 식량자급률은 매우 낮고 농지규제를 풀 경우 많은 부작용이 발생할 수 있는 만큼 농민보호는 다른 관점에서 접근해야합니다.

식량이 부족할 경우 농지보전, 식량이 과잉생산 될 경우 농지 개발에 대한 요구·정서가 강하게 나타난다. 최근 쌀 공급 과잉 및 농산물 가격 하락에 따른 논·밭 갈아엎기 등 문제가 일부 언론에서 보도가 되면서 농지 규제 완화 및 개발에 대한 요구가 곳곳에서 나타나고 있다. 우리나라의 국토 대비 적정 농지 면적, 현재 식량자급률 현황 등을 감안하여 국가 전체적으로 농지 규제를 풀어야 하는 상황인지에 대해 알아보자.

우리나라는 농지 면적이 협소하고, 쌀을 제외한 밀·콩·옥수수 등의 주요 곡물을 대부분 수입에 의존한다. 그럼에도 농지는 지난 5년간 연평균 1.2% 감소하였으며 식량자급률도 지속적으로 하락하여 44% 수준이다.

최근 들어 러시아-우크라이나 전쟁 이후 주요국 간 정치·경제 갈등이 심화되고 있어 식량안보 문제는 향후 상시화된 구조적 리스크가 될 가능성이 크다. 우리나라의 경우 식량의 해외 의존도가 높기 때문에 다양한 외부 충격에도 주요 곡물의 수급 안정을 굳건히 할 수 있는 적정 면적의 농지 보전을 통해 식량안보를 강화해야 하는 상황이다. 더욱이 세계 유일의 분단국가이기 때문에 통일 시대에 대비하기 위해 식량자급률을 높여야 하는 여건 속에 있다.

이에, 식량정책을 총괄하는 농림축산식품부는 농지 감소 추세를 완화시키고 식량자급률을 현행보다 높이는 중장기 식량안보 강화 방안을 2022년에 발표했다. 이와같은 농림축산식품부의 중장기 식량안보 강화 방안이 실천·달성되기 위해서는 정부의 관심과 지원속에 농업기반을 더욱 확충하고 견고히 다져야한다.

또한 일부에서는 농지규제가 농민들의 재산권 행사에 많은 제약을 하고 있기 때문에 폐지·완화해야 한다고 주장한다. 2022년 기준 임차 농가 비율이 전체 농가의 50.0%이고 임차농지 비율도 46.9%으로 전체적으로 임차 비율이 높다. 농지 규제 폐지·완화 시 부동산 투기 수요가 급증해 농지 가격과 함께 농지임대료까지 상승하여 실경작자들에게 부담을 줄 수 있다. 그리고 투기로 인한 농지 가격 상승은 농지 규모화 및 청년농업인들의 농지 매매 및 임대를 힘들게 만든다.

물론 농지의 규제를 풀 경우 농지 가격 상승 등 그 이득이 일부 자경농에게 돌아갈 수 있다. 그러나 농지소유 및 개발에 대한 수요는 수도권 및 대도시 근교 등 일부 지역에 몰려 있어 부동산 투기 세력 등 일부 세력에게만 그 이익이 귀속될 가능성이 농후하다.

실제, 2004년 행정수도 발표 당시 1순위 후보 지역인 연기군훗날 세종특별 자치시로 편입 외지인 땅 소유 비율은 54.9%였다. 외지인들은 행정수도 발표 전 토착민과 농민들에게 땅을 매입했고, 이후 세종시의 땅값이 폭등하여 재산상의 큰 이득을 봤다. 이와 같은 사례를 제시하면서 일부 농지 전문가들은 지역 농민돌의 농지를 외지인들로부터 지켜주는 것이 농지소유를 규제한 농지법이라고 주장하는 경우도 있다. 그러나 농지법이 농지소유 규제로 일부 투기를 막는 긍정적인 효과도 있지만 농업진흥지역내 농지를 소유한 농민들은 재산상 많은 손실을 보고 있다.

실 예로 2016년 농업진흥지역에서 해제된 경기도내 필지를 대상으로 농지가격 변동을 추적 조사한 결과에 따르면, 해제지역의 농지가격은 17.9%나 상승한 반면, 해제지역 이외의 농지는 8.5% 상승에 그친 것으로 나타났다.

또한 2021년 강원도 지역의 농지가격 조사 결과 비농업진흥지역이 농업진흥지역 보다 ㎡ 당 5,629원이 비싼 것으로 나타났다. 재산권 행사 규제가 많은 농업진흥지역은 농지가격 상승 제한적이고 비농업진흥지역과 농지가격 차이도 심화되어 농업진흥지역내 농지를 소유한 농민들의 불만은 가중되고 있다.

이처럼, 정부에서 농지법을 통해 농민들의 재산권 행사를 규제하고 있는 만큼 각종 직불제 단가 대폭 인상, 농자재 지원 확대 등 농민들에 대한 정부의 지원을 지속적으로 확대해야 한다.

아울러, 청년농업인들에 대한 농지 임대에 대해서는 경자유전 원칙을 훼손하지 않는 선에서 규제 완화를 적극 검토해야 한다.

농지 면적 및 식량자급률 주요 현황 및 정부 목표

항목	주요 현황	정부 목표
논/밭 면적 변동 추이	('00) 논115만ha / 밭74만ha → ('10) 논98만ha / 밭73만ha → ('21) 논78만ha / 밭77만ha(총 155만ha) ※ 농지면적은 지난 5년간 연평균 1.2% 감소하였으며, 상대적으로 논 면적이 더 빠르게 감소	농지면적 2027년까지 150만ha 수준 유지 목표 (연평균 농지면적 감소 추세 완화 목표 : △1.2% → △0.5%)
	국토 면적 대비 농지면적('21, %) : (한국)15.4%, (일본)11.6%, (독일)33.2%, (프랑스) 34.5%	
식량자급률	('17)51.9% → ('18)50.3% → ('19)49.3% → ('20)49.3% → ('21)44.4% ※ 식량자급률은 국내 생산 감소 영향 등으로 80년대 이후 지속 하락 추세(쌀 자급률 84.6%)	2027년까지 식량자급률 55% 달성 목표

출처 : 농림축산식품부 중장기 식량안보 강화 방안(2022)

농산물 가격은 왜 급등·급락을 반복하죠?

Q 농산물 급등 시 물가에 부담되고 급락 시 농가들의 소득이 하락하잖아요? 농산물 가격은 왜 이렇게 급등·급락이 심하죠?

A 농산물 특성상 농산물 가격은 불안정할 수밖에 없어 농민들은 불안정한 상황에서 영농에 종사하고 있습니다.

농산물은 가격이 급등하면 소비자 물가에 부담되고 급락하면 농가 소득이 하락하는데 왜 이렇게 가격이 불안정한지에 대해 의구심을 갖는다. 제조업 제품은 농산물에 비해 상대적으로 가격 급등락이 심하지 않기 때문이다.

이러한 의구심을 해결하기 위해서는 공산품과 다른 농산물의 특수성과 특징을 먼저 이해해야 한다. 공산품은 제조업체의 생산원가에 유통 상인들의 마진을 붙여서 가격이 결정되기 때문에 생산자가 판매가격을 결정할 수 있다. 또한, 공산품은 수요가 상이한 성수기와 비성수기에 생산량 조절이 가능하다.

이에 반해 농산물은 생육 기간(작기)이 있고 수확에 영향을 미치는 다양한 변수가 많아 생산량 조절이 불가능하다. 또한, 계절성이 존재하여 수확기에 물량이 대량 출하되기 때문에 이를 단기간에 흡수할 곳이 필요한데, 이를 주류 유통인 농수산물 도매시장에서 수행하고 있다. 때문에 농산물 가격결정은 농산물이 대거 거래되는 도매시장의 경매 즉, 수요와 공급에 의해 결정되어 생산자인 농민들이 가격을 결정할 수 없는 구조이다. 특히, 서울 가락시장 경락가는 전국 농산물의 시세를 형성할 때 기준·참조가격 역할을 하고 있다.

또한, 농민들은 시장에 완벽한 정보가 없는 위험 상황에서 작목을 선택할 수밖에 없다. 사전적으로 수확량을 조절하기가 매우 어렵기 때문에, 해당 품목이 재배 면적은 적정해도 수확기에 풍년이 될 경우 공급이 과잉되어 가격은 폭락하기도 한다. 반대로 자연재해 등 공급이 급감하여 가격이 폭등해도 수확량 급감에 따른 출하량 감소로 이어져 농업소득은 감소하게 된다. 그리고 공산품은 재고가 쌓이면 할인판매 등 밀어내기가 가능하지만, 농산물은 물류비도 나오지 않아 산지 폐기가 다반사이다.

다만, 농산물은 일부 품목은 제외하고 연중 수요가 고정적이기 때문에 수확 후 출하량 조절을 통해 가격을 안정화시킬 수 있다. 그러나 저장에 따른 감모 발생 및 콜드체인 시스템 구축 비용이 수반되는 어려움이 있다.

가격 안정을 위해 관측 강화 및 수확기 홍수 출하 조절 등의 노력을 하고 있지만 풍년 농사로 공급이 일시에 과잉되거나 자연재해가 발생하여 공급이 급격히 축소되면 가격은 춤을 추게 된다. 가격 안정화를 위해 다양한 노력을 하고 있지만 사람의 한계를 벗어난 속수무책 상황이 농업에서는 수시로 벌어진다.

상황이 이런데도 불구하고 정부는 농산물 가격 상승 시에는 외국 농산물 수입 등 정부가 개입하고, 가격 하락 시에는 무관심하여 농민들의 소득이 하락하고 있다. 반면에 기업들은 원가 상승 시 판매가격에 반영하여 이익을 보전하고 원가 하락 시에도 판매가격은 하락시키지 않아 자신들에게 필요한 이윤을 추가로 보장받고 있다.

공산품 원가와 기업 이윤 보장

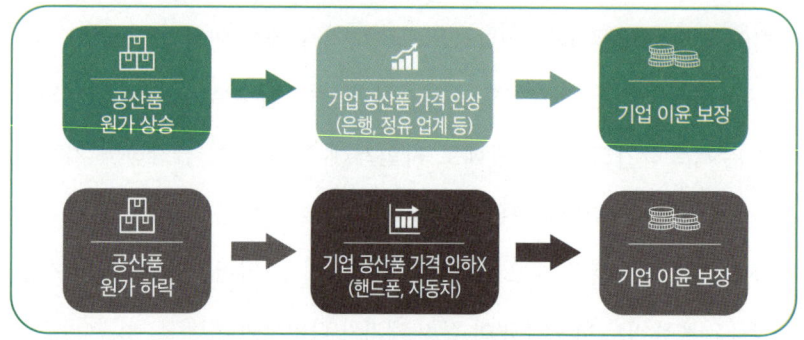

농산물 생산량 감소 ⇒ 농가소득 하락

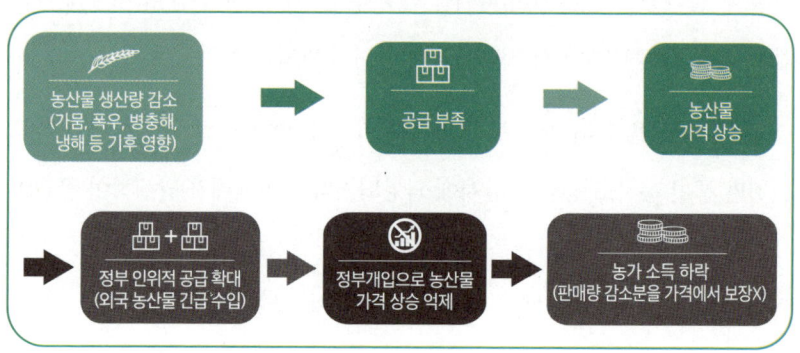

농산물 생산량 증가 ⇒ 농가소득 하락

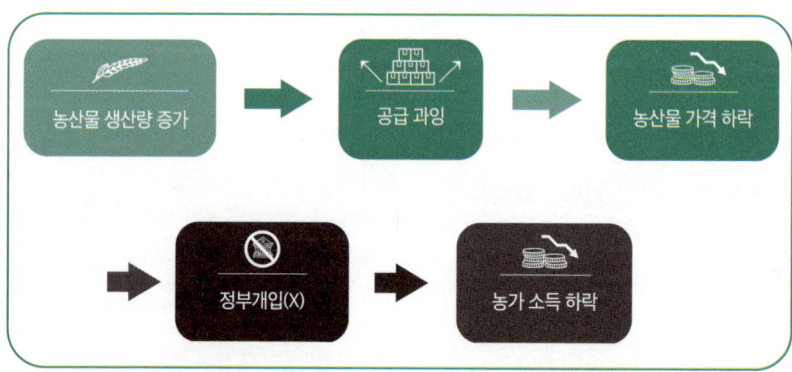

 농산물 유통구조를 왜 개선하지 못하죠?

 농산물 유통단계가 너무 많고 복잡하고 높은 유통비용으로 소비자 판매가격이 비싼거죠?

농산물의 특수성으로 인해 공산품에 비해 상대적으로 많은 유통비용 및 단계가 발생 할 수밖에 없는 구조입니다.

농산물은 유통단계가 너무 많고 복잡하고 과도한 유통마진이 발생하여 최종 소비자 가격이 높다는 비판을 받고 있다. 참고로, 한국농수산식품유통공사aT에 따르면 2022년 기준 농산물 유통비용은 49.7%로 조사됐다. 농산물의 유통단계 및 마진[18]을 올바르게 인식하려면 유통단계 발생 원인과 순수 유통비용 및 유통업자의 상업 마진 개념을 잘 이해해야 한다.

우선, 농산물은 수확철에 물량이 집중 출하되어 신속히 수집해 다수의 소매상에게 빠르게 유통시켜야 하기 때문에 직거래 확대 등 유통단계 축소에 한계가 있다. 이에 농산물도매시장이라는 유통단계가 존재하는 것이며 도매시장은 수확기 물량 흡수, 대금 정산, 가격 참조 기능 등 다양한 순기능을 수행하고 있다.

더욱이 최근에는 가정이나 대량 수요처에서 요구하는 전처리·가공 과정 등을 거치기에 중간단계를 줄이기가 쉽지 않은 구조이다.

---

18 유통마진은 물류비 등 순수 유통비용과 유통업자의 상업마진을 포함하는 개념임

다음은 농산물 순수 유통비용과 상인의 유통마진이 왜 발생하는지에 대해 살펴보자. 영농 규모가 영세한 다수의 농민에 의해 전국 각지에 분산된 산지에서 생산되는 농산물의 특성상 수집·선별·포장 등 순수 유통비용이 많이 발생할 수밖에 없다. 그리고 농산물은 부피가 상대적으로 공산품에 비해 크기 때문에 물류비 등 유통비용이 클 수밖에 없다.

또한 농산물 특징상 날씨 영향을 많이 받고 유통과정에서 부패·변질이 심해 손실이 발생할 수밖에 없다.

여기에 판매가격 급락, 저온저장 비용(콜드체인), 판매 부진 등 많은 리스크를 농산물을 대량 구입한 유통상인들이 떠안을 수밖에 없어 적정한 상업 마진 보장이 필요하다. 이처럼 농산물은 유통과정에서 발생하는 물류비 등 순수 유통비용과 유통업자의 상업 마진이 불가피하게 발생하여 소비자 판매 가격에 일부 반영되고 있는 것이다.

농산물은 물가 상승의 주범이죠?

Q 농산물 가격 상승으로 전체적으로 소비자 물가가 높은거죠? 특히 외식 물가가 비싼 것은 원재료인 높은 농산물가격 때문이죠?

A 소비자 물가에서 농산물 가중치는 높지 않고 외식 물가 상승은 인건비 상승 등 다른 요인이 많이 작용합니다.

소비자 물가가 오르면 농산물 가격 상승이 물가 폭등의 주범인 것처럼 인식되는 경우가 대부분이다. 그러나 농산물이 소비자물가에 차지하는 가중치를 낮은 편이고 다양한 이유에서 농산물 가격이 물가 폭등의 주범이라는 것은 오해가 있다.

'2022년 기준 소비자물가지수 가중치 개편 결과'에 따르면 농축산물 가중치는 64.8로 집계됐다. 소비자가 1,000원을 지출할 때 농축산물 구입에 64.8원을 쓴다는 의미다. 여기엔 쌀·돼지고기·쇠고기·사과 등 63개 품목의 농축산물이 포함된다. 이처럼 단일 품목의 가중치가 모두 10 미만인 농산물의 소비자물가지수 기여도는 매우 낮게 평가된다.

대표적으로 가중치가 높은 항목은 전세54.2, 휘발유24.1, 휴대전화료29.8, 중학생 학원비13.8 등으로 실제 물가지수 변동에 큰 영향을 미친다.[19]

---

[19] "소비자 1000원 지출때 사과에 겨우 2.3원 쓰는데…물가 들썩하면 농산물 탓?", 농민신문 기사 일부 발췌(2024.2.8.)

농산물 가격이 일시적으로 폭등을 하면 수요소비도 급감하여 가격 급등에 따른 실질적 영향은 짧게 지속된다. 그럼에도 정부 당국자들은 우리 농업에 불가역적인 피해를 줄 수 있을 만큼 막대한 물량의 외국 농산물을 긴급 수입하는 무리한 조치를 취하고 있다.

최근 국회예산정책처의 '농축수산물 물가 동향 분석'에서도 할당관세[20]를 통한 수입 품목 및 할당물량 확대 조치는 일시적 가격안정에 기여하는 측면이 있지만 이러한 단기적·일시적 정책의 반복적 시행은 생산자의 자율적 수급조절 능력을 저하시킬 수 있으므로 신중하게 접근할 필요가 있다고 지적한 바 있다.

물론 농산물 가격이 소비자 물가 부담을 넘어 국민 전체에 큰 충격을 준 사건이 있었다.

2010년 서울 가락시장 배추 경매가가 포기 당 1만 원이 넘어 국민들이 김치를 못 먹는 거 아니냐는 우려까지 낳았다. 그러나 문제가 된 우리가 가장 많이 먹는 김장 배추인 겨울김장배추가 아닌 여름 배추고랭지[21]였다. 여름 배추 주산지인 강원도에서 자연재해 등으로 인해 공급이 급격히 줄어 가격이 일시적으로 급등하였다. 그러나 급등에 따른 수요 급감, 정부의 대책 등으로 인해 가격이 점차 안정되었다. 그해 가을 가장 많이 소비되는 김장 배추인 겨울 배추는 작황이 호전되어 배추값이 김장 비용에 크게 부담을 주지 않았다.

---

20 할당관세란 특정 수입품에 대한 관세를 일정 기간 한시적으로 낮춰 주는 제도
21 국내 배추 생산량 중 여름배추 비중은 12%로 가장 적다. 7월 하순부터 9월 중순까지 해발 600m 이상의 열악한 재배환경에서 생산되는 여름배추는 그만큼 생육 관리 비용도 많이 들어 생산비가 겨울배추의 1.9배, 봄배추의 1.4배 수준. 여름배추는 타 작기보다 생산량도 적고 생산비도 높아 연중 가장 높은 가격 수준을 보이며 저장성 또한 타 작기보다 매우 떨어져 일별 가격 등락폭도 매우 큼
출처 : 한국농정신문(http://www.ikpnews.net)

최근에는 사과값 등 농산물 가격이 폭등하여 서민물가에 큰 부담을 주고 있다. 사과값이 폭등한 것은 작년 이상기후로 인한 냉해 피해와 폭우로 인한 탄저병이 확산하여 사과 생산량이 급감했기 때문이다.

일각에서는 사과값이 급등하여 사과농가들이 큰 이득을 보았다고 생각할 수 있으나 그해 사과 수확을 포기한 농가가 속출했고, 그나마 수확한 농가도 전년대비 수확량이 급감하여 소득이 크게 줄었다.

이처럼 기상이변의 확산은 일부 농산물 생산량 급감과 이로인해 농산물 가격을 폭등시켜 농민과 소비자 모두에게 큰 고통을 주고 있다. 그리고 기상이변은 주로 인간의 환경파괴로 기인하였기 때문에 물가 폭등의 주범은 농산물이 아니라 우리 인간이라고 할 수 있다. 세상 모든 일은 결국 이치대로 돌아가는 만큼 환경 파괴에 대한 경각심을 가지고 기상이변을 막기 위한 지구와 환경 보전의 필요성을 더욱 인식해야 한다.

아울러 소비자들은 외식 물가[22]에도 민감할 수밖에 없는데 높은 농산물 가격 영향으로 외식 물가가 폭등한 것으로 인식하는 경우가 많다. 그러나 농림축산식품부에서 매년 조사·발표하는 '외식업경영실태조사'[23]를 살펴보면 전체 영업비용 중 인건비가 33.9%, 임차료·공공요금이 24.9%를 차지하여 그 비중이 높다.

특히, 최근에 최저임금의 급격한 인상 및 부동산 가격 폭등은 음식점들의 인건비와 임대료 상승으로 귀결되어 외식물가 인상에 많은 영향을 줬다.

---

[22] 우리나라는 맞벌이·국민소득 증가·1인 가구 증대·식생활의 서구로 인해 각 가정은 과거에 비해 외식비중이 많이 늘어남

[23] 김상효 한국농촌경제연구원 연구위원, 서울경제 기고문(2023)

특히, 가격이 비싼 한우는 높은 외식비 부담의 주범으로 많은 공격을 받는다. 한우 음식점의 소비자 가격에서 원재료인 한우가 차지하는 비중은 다소 차이는 있을 수 있지만 약 30%에 불과하다.

극단적인 예로, 한우의 음식점 판매가격은 10만 원인데 한우 산지 가격이 50% 폭락했다고 가정해 보자. 이 경우 음식점 판매가격에서 한우 원재료 가격은 3만 원이고 산지 한우 가격이 50% 하락했기 때문에 소비자는 8만 5천 원을 지불하게 된다.

한우 산지 가격은 폭락했지만, 음식점에서 한우 원재료 가격이 차지하는 비중이 30%로 낮기 때문에 1만 5천 원의 가격 인하 효과밖에 없는 것이다.

고급 한우식당은 시내 중심가에 위치해 비싼 임대료·권리금·고급 인테리어 등 창업 및 운영자금이 많이 소요되어 판매가격에 반영된다. 외식업은 상품 즉, 음식과 함께 서비스를 동시에 공급하기 때문에 고급 한우식당에서 소비자들은 그만큼 좋은 서비스를 받고 가격을 지불하고 있는 것이다.

또한, 최근 외식 가격이 폭등하여 금겹살 논란이 가중되고 있는데, 삼겹살 외식비에서 원재료인 돼지고기가 차지하는 비중은 크지 않다.

실제, 한돈자조금 관리위원회가 삼겹살 외식비를 자체 분석한 결과 1인분 150g 평균 가격 1만 5,062원 가운데 돼지고기값이 차지하는 비중은 17.4% 2,625원에 불과한 것으로 파악됐다. 나머지 82.6% 1만 2,437원는 임차료·인건비 등 기타 제반 비용이었다.

한국의 농식품 물가가 OECD 국가들보다 매우 높다고 분석한 보고서가 많은 논란이 되고 있는데, 유엔 식량농업기구 FAO 데이터를 적용하면 한국의 농식품 물가 수준은 38개 OECD 국가 중 19번 째, 중간 수준이다.

다만, 농식품 물가가 국민들에게 전혀 부담이 되지 않는다는 뜻은 아니며 모든 물가 폭등의 주범이 농산물 가격 때문이라는 일각의 마녀사냥식 지적이 문제라는 것이다.

이에 정부는 농식품 물가가 국민들에게 미치는 민감성과 중요성을 감안하여 기후변화 대응 및 원예농산물 생산·수급 안정 대책을 수립해야 한다.

농업 분야에 국가 예산을 왜 과도하게 지원하죠?

Q 농림축산식품 분야에 국가 예산을 쏟아붓고 있지 않나요?
농업 분야에 국가 예산을 언제까지 과도하게 지원해야 할까요?

국가전체예산 대비 농림축산식품예산(농업) 비중 및
증가율과 농업보조금은 낮은 편입니다.

　농업에 과도하게 국가 예산을 쏟아붓고 있으며 언제까지 농업에 대한 지원을 해야 하냐고 비판하는 경우가 종종 있다. 그러나 국가 전체 예산과 농림축산식품 분야 예산을 분석하면 이러한 비판이 문제가 있다는 것을 금방 알 수 있다.

　한국농촌경제연구원이 발표한 보고서에 의하면 농림축산식품부 예산은 2024년 18조 3,392억 원으로 2014년 13조 6,371억 원에서 34.5% 증가하였다. 하지만 국가 전체 예산에서 차지하는 비중은 2014년 3.8%에서 지속 감소하여 2024년에는 2.8%를 차지하고 있다.

　또한, 농림축산식품부와 농촌진흥청 등 전체 예산은 2014년 14.9조 원에서 2024년 19.4조 원으로 증가하였지만, 같은 기간 국가 전체 예산이 335.8조 원에서 656.6조 원으로 증가한 것에 비하면 상대적으로 큰 폭의 증가는 아니다.

지난 10년 동안 농업의 GDP 비중은 5.0%에서 4.5%로 0.5%P 줄어든 반면, 농림축산식품부와 농촌진흥청 예산 등 실질적인 농업 전체 예산 비중은 4.2%에서 2.9%로 낮아져 둘 간 차이가 더욱 확대되었다.[24]

뿐만 아니라 농업계는 선진국과의 FTA로 피해를 입은 농업에 지원을 강화하는 무역이득공유제 도입을 요구하였다. 이에 정부와 기업들도 이러한 주장에 동의를 하여 무역이득제공유제 대안으로 농어촌상생협력기금을 여·야·정 합의를 통해 도입하였다.

그러나 농업계는 농어촌상생협력기금 도입 당시 기업의 기금 출연이 강제력이 없기 때문에 실효성이 없는 대안이라고 많은 우려를 표명했다. 이러한 우려는 현실이 되어 FTA를 통해 이익을 얻은 기업들은 10년 동안 1조 원의 기부를 약정했지만[25], 2022년 말 기준 적립된 농어촌상생협력기금은 2천억 원 정도이다.[26] FTA와 크게 관련 없는 공기업 기여분을 빼고 상위 대기업 15곳만 감안하면, 360억여 원, 약속한 금액의 3.6% 수준이다.

또한, 국가 지원에서 농민들에게 얼마나 많은 예산을 지원하느냐는 농업보조금으로 평가해야 한다. 농업보조금은 정의에 따라 범위가 달라지지만, 일반적으로 정부 재정을 통해 농업에 지원 또는 이전한 금액을 말한다.

24　한국농촌경제연구원(2024), '농림축산식품분야 예산 구조 특징과 과제'
25　우리나라는 59개국 21건의 FTA가 체결되었으며, 여타 신흥국가와의 FTA도 지속적으로 추진해 오고 있음(산업통산자원부, 2023)
26　2015년 한·중 자유무역협정(FTA) 국회 비준 당시 농민들의 반발이 거세자 여·야·정이 농어민에게 자녀 장학사업, 현지 복지시설 설치, 농수산물 생산·유통 사업 등을 지원하기 위해 설정한 기금임. 2017년 3월 출범했으며 매년 1,000억 원씩 10년 간 총 1조 원을 적립하는 것이 정부 목표

농업 전문가들은 국제적인 농업지지 지표로 활용되는 PSE에 맹점이 있다고 입을 모은다. 한국의 PSE는 약 90%가 시장가격지지이다. 시장가격지지는 농산물의 국내외 가격 차이를 농업지지 정책에 의한 것으로 간주해 화폐가치로 산출한 것이다.[27]

한국농촌경제연구원이 PSE에서 시장가격지지를 뺀 금액을 계산하자 농업보조금이 크지 않은 것으로 나타났다. 2022년 한국의 농업총생산액 482억 8,400만 달러 대비 농업보조금 27억 7,200만 달러 비중은 5.7%다. 2017년 6.8%보다 감소했다. 경제협력개발기구 OECD 평균은 9.3%[28]다.

반면 농업보조금이 많은 노르웨이 52.7% · 스위스 39.5% 등은 시장가격지지를 빼더라도 수치상 큰 변화가 없었다. 결론적으로 국가 전체 예산 대비 농림축산식품 예산 비중과 증가율은 낮은 편이고, 명목 및 실질 농업보조금 비율도 선진국에 비해 높지 않다.

---

[27] "한국 농업 지원이 '과다'?…현실은 '반대'", 농민신문 기사 일부 발췌(2020.10.21.)
OECD는 최근 발표한 '2020 농업정책 점검 및 평가 보고서'를 통해 "한국의 농업 지원 수준은 OECD 평균 이상이며, 시장 왜곡적인 형태의 지원이 대부분을 차지한다"면서 농업 지원을 줄일 것을 한국정부에 권고함. 우리나라 농가 수취액 중 생산자지지추정치(PSE·정부의 각종 농업정책으로 소비자와 납세자로부터 농업생산자에게 이전되는 가상적 금액)가 차지하는 비중(%PSE)이 2017 ~ 2019년 47.9%로 같은 기간 OECD 평균(17.6%)보다 2.7배나 높다는 것임. %PSE가 47.9%라는 것은 농업생산자가 연간 벌어들인 총수입 중 정부 보조 비율이 47.9%라는 뜻. 그러나 PSE는 농산물의 국내외 가격 차이를 농업지지 정책으로 간주하여 반영하고 있음. 예컨대, 국산 쌀값이 80㎏ 한 가마당 20만 원, 외국산은 10만 원이라고 할 때 그 차액인 10만 원에 국내 생산량을 곱한 금액 전부가 보조금에 포함. 우리나라처럼 국내외 가격 차이가 큰 나라는 실제보다 과장되는 측면이 있음.
[28] 곡물자급률 주요국 중 '꼴찌'…농축산물 무역적자는 '선두권', 농민신문 기사 일부 발췌(2024.6.28.)

국가 전체 예산 대비 농식품부 예산 비중 및 증가율

구분	2014년	2024
국가전체 예산 규모(A)	335.8	656.6조원
증가율 (전년대비)	-	96% 증가 (약 두배 증가)
농식품부 예산 규모(B)	13조 6,371억 원	18조 3,392억 원
증가율 (전년대비)	-	35% 증가
국가 전체 예산 대비 농식품부 예산 비중(B/A)	3.8%	2.8%
GDP 대비 농업 비중	5%	4.5%

출처 : 한국농촌경제연구원(2024), '농림축산식품분야 예산 구조 특징과 과제

1 농업가치란 무엇인가?

Q&A로 알아보는 농업의 오해와 진실 | 63

고령 농민에 대한 지원을 언제까지 해야 하죠?

 경쟁력 없는 고령 농민에게 과도한 예산을 투입할 필요가 있나요?
고령 농민, 영세화, 노동집약적 농업은 구조조정을 해야죠?

고령화된 노인들의 영농활동으로 고용유지 등 일부 긍정적인 측면도 있으며, 농업을 구조조정하기 위해서는 많은 지원과 관심이 필요합니다.

농업의 심각한 고령화 현상 등 농업의 경쟁력 약화와 지속적인 정부의 재정적 지원 문제, 농업의 구조조정 필요성에 대해 알아보자.

2020년 기준 농업 인구의 평균연령은 66.1세이며, 70세 이상 농가인구는 72만 명으로, 고령 농민은 전체 농가인구의 32.5%를 차지한다.[29] 특히, 전체 농지 74만 1,794ha 중에서 65세 이상 고령농이 소유한 농지가 39만 3,084ha로 53.1%를 차지한다. 반면 40세 미만 청년농이 소유한 농지는 1만 7ha로 1.3%에 불과하다.

---

[29] "고령농 노후소득 지원 대폭 확대…'농지이양은퇴직불' 내년 시행"(출처 : 한국농어민신문, 2023)

농업의 고령화로 인해 노동생산성 악화, 구조조정 저해 등 많은 문제가 발생하고 있는 것은 사실이다. 하지만 고령농의 영농은 국가적인 측면에서 노인들의 고용유지 및 이에 따른 예산 절감 효과 등 긍정적인 역할을 하고 있다. 만약, 정부의 구조조정으로 농촌 노인 수십만 명이 농업을 포기하고 실업자가 되었을 경우 노인 일자리 대책 등 추가적인 예산 투입이 불가피하다. 또한, 일자리가 없는 농촌 노인들은 빈곤 및 상실감으로 우울증[30]이 발생하여 자살률이 증가하는 등 심각한 농촌사회 문제로 발전할 수 있다.

그리고 고령 농민들은 1960년~70년대 수출산업 육성을 위해 희생한 장본인인데[31] 이들에 대한 적절한 지원 없이 영농 포기만을 요구하는 것은 또 다른 희생을 요구하는 것이다. 물론, 고령 농민들이 영농 유지를 지지하는 것은 아니다. 고령화·영세화·노동집약적인 농업을 청년농 중심·규모화·기술·자본 집약적 산업으로 구조조정해야 한다.

그러나 한 산업이 구조조정을 하기 위해서는 정부의 대폭적인 예산 지원과 관심이 필요하다. 우리나라는 과거에 부도난 기업들에 막대한 국민의 혈세인 공적자금을 투입하여 구조조정을 지원했다. 정부가 1997년 외환위기 이후 금융회사 부실을 정리하기 위해 투입된 공적자금은 무려 168조 7,000억 원이었지만 회수율은 71.4%에 불과하다.[32]

---

[30] "환자 35%가 60대 이상…'노년의 질병' 돼가는 우울증, 노인빈곤 한 몫"(출처 : 연합뉴스, 2023)
[31] 이 책 3장 한국 경제성장과 농업의 역할 참조 바람
[32] 금융위원회 언론 발표자료(2023)

공적자금 누적 회수율 추이(%)

`17년 말	`18년 말	`19년 말	`20년 말	`21년 말	`22년 말	`23년
68.5	68.9	69.2	69.5	7.4	71.1	71.4

자료 : 금융위원회(2023)

    고령 농민들의 영농 은퇴 등 농업구조조정을 위해 은퇴연금제[33] 등을 비롯한 과감한 복지제도를 도입하고 은퇴농의 농지를 청년농이 경작할 수 있도록 정책적으로 지원해야 한다. 아울러 청년농업인들의 농업 규모화·자본화·기술화를 정부의 규제 완화 및 재정지원책도 마련해야 한다.

---

[33] 한국농어촌공사의 설문조사에 따르면 은퇴를 꺼리는 고령농의 48.6%가 '농업소득 외에 마땅한 수입 원이 없다'는 것이 이유(출처 : 한국농어민신문, 2023)

🌱 농민단체가 활성화되면 사회적갈등이 악화되죠?

 Q 정부 정책에 반대하는 농민단체에 지원을 해야 하나요? 농민단체가 활성화될 경우 사회적갈등은 더욱 커지지 않을까요?

 A 농민 조직 및 단체에 지원 강화를 통해 정책 역량이 높아진다면 농업 분야의 사회적 합의 및 합치 가능성은 높아져 사회적갈등은 줄어들게 될 것입니다.

농업 분야는 그동안 쌀값 및 농가부채, 농협 개혁, 농업개방 문제 등으로 인해 정부·정치권은 물론 재계 등과도 다양한 갈등을 겪어 왔다. 그간 농민들은 잘못된 농업정책에 항의하고 이를 시정해야 한다는 요구를 정부와 정치권, 국민들에게 전달하기 위하여 인구가 밀집한 도시에서 대규모 집회 등을 개최·진행했다.

이에 일부 도시민들은 집회가 진행될 경우 교통체증과 일부 과격한 농민들의 집회 모습을 보면서 부정적인 인식을 가지게 된 경우가 많다. 특히, 농민단체가 활성화될 경우 빈번한 집회 발생 등으로 인한 사회적 갈등이 커질 것으로 우려하고 있다.

그러나 생존권의 문제는 결코 타협이 쉬운 것이 아니기 때문에 각 산업의 이해관계와 갈등 조정 속에서 정부의 정책이 결정되어야 한다. 실제, 의사협회, 한국경제인연합회 등 전문적인 지식과 자본이 많은 단체들도 다양한 방법을 통해 본인들의 이득과 산업을 대변하고 있다.

각 분야 산업 종사자들이 단체들을 조직하여 정부와 사회를 향한 감시와 견제, 대안 제시는 순기능적 역할을 한다. 이러한 순기능을 바탕으로 국민들과의 공감대를 형성하고 이를 정책 기조와 구체적인 정책 프로그램에 반영하면 사회적 합의 가능성도 높아지게 된다.

특히, 자본주의와 민주주의가 단기간에 급격히 발달한 우리나라에서는 이러한 단체들의 활동이 더욱 필요하다. 우리 농업이 갈등이 컸던 것은 다양한 이유가 있겠지만 민간 중심의 농정이 아닌 관치 중심의 농정에서 그 주요한 원인을 찾을 수 있다.

농민단체가 정책 결정에 참여할 정도의 역량을 갖추지 못한 것도 있지만 농업정책 과정에서 이해당사자이면서 수혜자인 농민들의 여론 수렴 및 참여의 기회는 적었다. 만약 농민단체의 정책 역량이 높아질 경우 합리적인 정책 대안을 제시할 수 있게 될 것이며, 정부와 정치권이 이를 수용할 가능성이 높아질 것이다.

정부가 수용된 정책을 구체적인 정책 프로그램 통해 수립·집행한다면 농업 분야를 둘러싼 사회적 갈등은 줄어들게 될 것이다.

이해당사자의 높은 정책이해도를 바탕으로 사회적 갈등을 최소화한 아일랜드의 사회적 대타협의 예를 타산지석 삼을 필요가 있다.

정부가 진지하게 경청하여 수용할 수 있는 합리적인 대안을 농민단체에서 제시하려면 무엇보다도 스스로의 역량을 강화해야 할 것이며, 역량강화를 위한 예산 확보 등 정부의 지원을 강화해야 한다. 농민단체 지원 강화는 사회적 합치 가능성을 높이고 갈등을 줄이게 되는 순기능적인 역할을 하게 될 것이다.

타 산업에 비해 농업 분야에 대한 특혜가 많죠?

Q 농협하나로마트 의무휴무 제외, 면세유 공급, 농어촌특별전형 등 농업 분야에 대한 특혜가 너무 많은 것 같아요?

하나로마트 의무휴업 제외, 면세유, 농어촌특별전형 등은 농업·농촌에 꼭 필요한 정책들이며 이에 대한 효과는 국민들에게도 돌아가고 있습니다.

대형마트 의무휴업은 왜 제외된 것인가?

대형마트들은 중소상공인 보호 및 재래시장 활성화 등 다양한 목적에서 월 2회 의무휴무를 하고 있지만 농협하나로마트에서는 의무휴무를 하지 않고 있다.

농협하나로마트에서 의무휴무를 하지 않는 것은 농업 및 농협에게 특혜를 주는 것이 아니라 농산물이 지닌 특수성 때문이다. 공산품은 대형마트 의무휴무로 당일 납품을 못 하면 큰 문제가 발생하지 않지만, 농산물은 하루 출하하지 못하면 신선도 하락 및 부패 등의 문제가 발생한다.

또한, 마트 휴무 다음 날 홍수 출하에 따른 가격 하락 발생 소지가 크다. 이에 농산물 비중이 적은 대형마트들은 월 2일 휴무를 하지만 농산물 비중이 높은 농협하나로마트는 의무 휴무를 하지 않는 것이다. 의무 휴무에서 제외된 농협하나로마트는 신선 농산물을 적기 공급하여 농가소득 지지는 물론 소비자의 편의 제공 등 많은 사회적 후생을 증대시키고 있다.

농림어업용 석유류에는 왜 세금면세유[34]이 면제되는 것일까?

석유의 절반은 세금이라고 할 정도 석유 판매가격에서 세금의 비중은 절대적이다. 그럼에도 농림어업용 석유류에는 세금을 면제면세유하고 있어 특혜 아니냐는 비판을 제기한다.

농림어업용 면세유는 농업개방과 농산물 가격 하락으로 어려움에 직면한 농민들의 경영비 안정과 농업 경쟁력 향상을 위해 도입되었다. 향후 농촌 일손 부족 해소를 위한 기계화 촉진 정책에 따라 농기계 사용이 늘어나면서 유류 사용도 더욱 늘어날 수밖에 없다.

만약, 면세유 제도가 폐지되면 농업생산비가 폭등하여 일부 시설작물 등은 최고 60%까지 가격이 상승하여 서민 가계에 큰 부담을 줄 것이라는 연구 결과도 있다.

이처럼 면세유는 농민들의 생산비 경감 및 농업 경쟁력 강화는 물론, 서민 가계 물가안정에 많은 기여를 하고 있는 아주 고맙고 필수적인 정책이다.

여기에 더해 일부 전문가들은 농기계는 자동차처럼 운송수단이 아닌 생산수단이기 때문에 농업용 기계에 사용되는 석유류에 교통세 등을 부과하는 것은 원칙적으로 문제가 있다고 지적한다. 즉, 농업용 면세유는 일몰제를 통해 공급할 것이 아니라 영구적으로 공급해야 된다는 주장이다.

---

34 면세유 제도란 농업, 임업인, 어민이 농·임·어업에 사용하기 위한 석유류 공급에 대해 부가가치세, 개별소비세, 교통·에너지·환경세, 교육세, 자동차세를 면제하는 제도

농어촌특별전형 왜 필요한 제도인가?

우리나라에서 해결해야 할 가장 큰 사회문제 중 하나는 수도권 집중화와 지방 소멸 등 국토 불균형이다.[35] 정부는 수도권 집중화를 완화하고 지방 살리기를 위해 각종 시책을 추진하고 있지만 수도권 집중화 현상 및 지방 소멸은 더욱 심화되고 있다.

수도권에 인구가 집중되는 것은 양질의 일자리와 좋은 인프라 구축 등 다양한 이유가 있겠지만 자녀들의 교육 문제가 항상 우선 순위를 차지한다. 상당수 학부모는 도시지역에 비해 교육 인프라가 부족한 농촌에 거주할 경우 자녀들의 학습 능력 및 성적 저하 등을 우려하고 있다.

실제, 농촌지역은 도시지역에 비해 교육환경이 열악하기 때문에 농촌지역 학생들과 도시지역 학생들은 입시 준비와 과정에서 출발점이 다르다. 농어촌특별전형마저 없어진다면 농어촌지역 학생들의 설 자리는 더욱 좁아져 수도권 인구 집중화 현상은 더욱 가속화되어 도시학생들에게 그 피해가 돌아갈 수 있다.

서울 소재 유명한 사립대 총장은 "100점 만점 중 대치동 80점과 시골 독학 70점, 누구를 뽑는 게 공정인가"라는 제목으로 언론 인터뷰를 하였다. 농어촌특별전형은 도시지역에 비해 열악한 환경에서 학업을 하고 있는 농어촌 학생들의 입시를 돕기 위해 만든 공정한 교육정책이다.

---

[35] 국민 50.5%, 수도권 거주, 매년 0.2%p 증가 추세, 수도권 쏠림 현상(출처 : 2022년 통계청 인구주택총조사), 수도권 청년 취업자수 증가(5.6%) : 2000년(50.8%)⇒ 2021년(56.4%), 양질의 일자리 수도권 집중 100대 기업 본사 위치(84%)⇒ 서울 71개, 경기 8개, 인천 5개(출처 : 필자 소장자료)

농업 문제는 경제이론으로 설명·해결할 수 없죠?

 농업의 문제를 시장경제 논리로 풀어야되는데, 왜 정치적인 논리를 통해 문제를 해결하려고 하죠?

농산물이 가격이 높아 정부가 개입하면 시장경제논리이고 가격이 낮아 개입하면 정치논리라고 비판하는 것은 옳지 않습니다.

경제학의 아버지로 불리는 애덤 스미스는 "저녁 식탁을 기대하는 것은 푸줏간이나 빵 굽는 사람들의 자선이 아니라 그들의 이익 때문"이라고 말했다.[36] 인간의 이기심과 경쟁을 바탕으로 자원이 효율적으로 거래되며 가격은 누가 결정하지 않아도 '보이지 않는 손'에 스스로 정해진다는 뜻이다.

애덤 스미스는 농산물 생산·유통·소비 등 농업 관련하여 발생하는 경제활동을 예시로 들면서 당시 경제학에서 주류를 이뤘던 중상주의를 비판하고 시장경제의 중요성을 강조하였다. "이렇게 농업은 시장경제 이론 형성 및 정립에 많은 기여를 했기 때문에 시장경제 논리로 풀면 농업의 문제가 해결되지 않을까?"라고 생각할 수 있다.

그러나 농업 특성상 농업의 문제를 단순하게 시장경제 원리를 적용하여 해결하기에는 많은 한계가 있기 때문에 다양한 관점과 접근을 통해 문제 해결방안을 찾아야 한다.

---

36 국부론은 사실상 최초의 근대적인 경제학 서적이며 국부론을 집필한 아담스미스는 경제학의 아버지로 불림

농민들은 시장에 관한 완벽한 정보도 부족하고 생산 물량을 철저하게 조절할 수도 없어 높은 위험 부담을 안고 생산 활동을 하고 있다. 반면에 제조업은 완전경쟁에서 생산자는 유용_{완벽}한 정보를 사용하며 최소 비용으로 제품·서비스를 제공한다. 이에 정부가 농업 경제활동에 적절하게 개입하여 농가들이 직면한 위험_{리스크}을 완화해 줄 필요가 있다. 최근 사과값 폭등 사태를 보면 알 수 있듯이 향후에 일부 농산물 공급이 사과처럼 급격히 축소되면 가격이 폭등하여 국민들에게 큰 부담_{고통}을 줄 수 있다. 뿐만아니라 농산물의 재생산 가격이 보장되지 않으면 농민들은 해당 품목을 차기년도 경작하지 않을 것이고 이 또한 공급 축소로 이어져 가격이 폭등할 수 있다.[37]

정부는 물가안정 및 농가소득 확보 측면에서 농산물 가격 급·등락에 따라 균형 잡힌 정책 수단을 동원하여 생산자와 소비자의 충격을 완화해야 한다. 선진국도 시장경제원칙을 중시하지만 정치·사회적 고려도 농업정책 결정의 주요 변수가 되고 있다.

그러나 일부 위정자들은 농산물 가격이 높아 물가 안정을 위해 정부가 개입을 하면 정당한 시장경제 정책이라고 두둔한다. 반대로 가격이 하락하여 농가소득 안정을 위해 개입을 하면 정치적인 해결방안이라고 비판하는데 이는 옳지 않다.

아울러, 우리나라의 경우 급속한 경제발전을 위해 가격 통제 등 농산물 주요 정책을 정부가 결정했기 때문에 농업에 대한 경제 원리가 학습되고 연착륙 할 수 있는 시기가 너무 짧았던 측면도 고려해야 한다.

---

[37] 재생산 가격이란 생산비를 보장하는 수취가격으로 생산을 지속 가능하게 하는 것을 말함

농림공직자 및 농협 임직원들은 문제가 많죠?

Q 농업이 어려운 것은 농림공직자들과 농협 임직원들의 노력이 부족했기 때문이죠? 그럼에도 그들의 처우는 좋은 것 같아요?

A 농업·농촌을 발전시키기 위해서는 갈등보다는 농업 관련 종사자들과 상생이 중요합니다.

농림공직자들의 성과가 너무 부족한 거 같아요?

농업계 일부에서는 농림공직자들이 농업·농촌 발전을 위한 성과와 노력이 부족하다는 비판을 제기한다. 그러나 식량난 해결과 농업 경쟁력 향상 도모 등 농업 분야가 성과를 낼 수 있었던 것은 농림공직자들의 노력이 함께 했다.

실제 농정 업무를 총괄하는 농림축산식품부[38], 농업 분야 기술 개발 및 농촌 지도·생활개선 사업을 전담해 온 농촌진흥청[39], 농업생산 기반 정비를 담당하는 한국농어촌공사[40] 등의 노력이 컸다. 아울러, 농림사업 시행 및 기술 보급 등 지방자치단체 농림공직자의 공 또한 빼놓을 수 없다.

---

[38] 농림축산식품부(구, 농림부)는 농산·축산, 식량·농지·수리, 식품산업진흥, 농촌개발 및 농산물 유통에 관한 사무를 총괄

[39] 농촌진흥청은 농촌 진흥을 위한 시험·연구 및 농업인의 지도·양성과 농촌지도자의 수련에 관한 사무를 관장

[40] 농업생산성의 증대 및 농어촌 발전을 도모하고자 설립된 한국농어촌공사는 2000년 1월 1일 농어촌 진흥공사와 농지개량조합·농지개량조합연합회가 통합된 농업기반공사가 전신. 2005년에 한국농촌공사로 개칭되었다가 2008년에 한국농어촌공사가 됨

근래에는 농림축산식품부 공직자들의 치밀한 전략 및 전술로 513%라는 고율의 쌀 관세를 설정하여 국내 쌀 산업을 보호할 수 있었다. 농업의 발전이 단시간 내 농민들 힘만으로 이뤄낸 것은 아니기 때문에 어려운 여건 속에서 농업을 위해 헌신하고 노력한 농림공직자들의 노력을 잊어서는 안 된다.

농협 임직원들의 연봉은 너무 높지 않나요?

농협 임직원들의 연봉은 현장 농민들의 주요 공격의 대상이 된다. 농협을 협동조합 측면에서 접근하면 임직원 월급이 많고 은행으로 접근하면 월급이 많다고 비판하기 어려운 측면이 있다. 2012년 농협중앙회의 사업구조개편 신용사업과 경제사업의 분리이 이뤄졌지만, 1961년 정부 주도로 탄생했던 우리나라 농협의 태생적 한계로 인해 농협의 정체성에 대한 논란은 아직껏 끊이지 않고 있다.[41]

여기에 농협의 주인인 농민 조합원들은 경제적으로 어려운데 농민들 때문에 먹고 사는 농협 임직원들의 연봉은 매우 높아 농협에 대한 불신으로 작용했다. 만약 농민들이 상당히 높은 농가소득을 창출하고 있다면 농협 임직원들의 연봉은 큰 문제가 되지 않을 수 있다.

농협 임직원들이 조합원과 합심하여 농가소득을 향상시키고 조합을 발전시킨 사례도 많은 만큼 상생의 자세가 필요하다. 다만, 농협의 주인인 조합원의 농가소득 증대 및 권익 향상을 위해 관심 없고 본인들의 이익에만 골몰하는 일부 농협 임직원들은 문제가 있다.

---

41 정부가 주도하여 1961년 구 농협과 농업은행을 통합해 농협을 설립했고 이후 임시조치법에 따라 정부조직으로 운영

이러한 문제를 해결하기 위한 농협개혁은 대의원회, 이사회, 감독기관 등 제도권을 통해 이뤄져야 할 것이다. 농협의 주인은 조합원인 만큼 감정적인 문제해결보다는 시스템을 통한 합리적인 접근을 통해 문제를 해결해야 한다. 일부 조합원의 감정적인 접근으로 인해 농업에 대한 부정적인 인식이 강화된 사례가 많은 만큼 이를 시정하려는 적극적인 노력이 절실하다.

농업·농촌 발전을 위해 농업 관련 종사자들과 상생이 중요하다.

아버지가 가난한 농민이라 창피했던 필자도 농민의 열악한 환경의 탓을 농림공직자 및 농협 임직원에게 돌리며 비판을 한 사람이기도 하다. 필자는 농업·농촌 문제를 현장에서 해결해 보고자 군청의 임기제 공무원으로 임용되어 근무한 경험이 있다.

그러나 필자는 농민들의 기대에 부응하기 위해 많은 노력을 기울였으나 예상보다 성과는 적어 자책하고 부족한 능력을 탓하며 힘든 나날을 보냈다. 그렇게 힘들었던 공무원 근무 시절 민원인의 따뜻한 커피 한잔을 잊을 수 없다.

어느 날 한 농민께서 군청 사무실로 면담을 오셨는데, 너무 고생이 많다고 손수 커피를 타 주시고 많은 칭찬과 위로를 해 주셨다. 한때 농림공직자를 비난하고 비판했던 옛 기억이 떠올라 부끄럽기도 하면서 많은 생각을 하게 되었다. 이후 그분의 칭찬과 위로에 감동을 받은 필자는 더욱 열심히 업무에 매진하여 수백억 원의 공모사업 유치 등의 많은 성과를 냈다.

나그네의 외투를 벗게 만드는 것은 강한 비바람이 아니라 따뜻한 햇볕이고, 칭찬은 고래도 춤추게 한다는 것을 몸소 느낀 것이다. 이처럼 농업·농촌 발전을 위해서는 농민과 농림공직자, 농협 임직원들의 노력과 합심, 상생이 중요하다.

농업 내부에서 큰집이 작은 집을 욕하고 작은집이 큰집을 욕하는 이전투구가 난무한다면 국민들은 더 이상 농업을 지지하지 않을 것이다. 농업·농촌의 위기를 극복하기 위해서는 다 같이 노력하고 합심해야 한다. 청년농업인들 또한 농림공직자, 농협 임직원들과의 상생을 통해 우리 농업·농촌의 청사진을 밝혀나간다면 희망의 미래는 우리 편이 될 것이다.

제5장

농업의 가치 확산하기

현대 사회에서 본인의 자산을 지키고 증식하기 위해서는 개인의 노력이 가장 중요하다. 청년농업인들도 성실 영농과 함께 농업·농촌의 올바른 가치를 제대로 인식하고 지켜야 자산을 증식시킬 수 있다.

청년농업인들은 젊고 활동력이 크기 때문에 재력이 없고 조직력이 약한 전체 농민들의 권익 보호를 위해 나서야 한다. 청년농업인들이 전체 농민들을 대변하는 것은 본인을 위해서도 좋고 재능기부[42] 즉, 봉사활동을 하는 것과 같다.

과거 군사정권시절과 정부의 농업개방 기조하에서는 "아스팔트 농사_{대규모 집회}"가 농권운동의 최선의 방안이었다. 그러나 청년농업인들은 기성세대와 사고와 생각이 다른 만큼 MZ세대 정서에 맞는 새로운 농권운동을 방식을 통해 농업의 가치를 더욱 발전시켜야 한다.

---

[42] 의사들은 의료 봉사활동, 연예인들은 공연/콘서트 등 재능기부를 통해 사회로 받은 혜택을 되돌려주고 있음

농업직불금이 없어지고 농업용 면세유가 폐지되는 등 정부의 지원과 관심이 없어진다면 청년농업인들이 영농 활동에 종사하는데 애로사항이 많게 된다. 실제 농업을 제대로 이해하지 못해 농업·농촌이 피해를 보는 사례들은 곳곳에서 일어나고 있다.[43]

미국이 식량 보급체계를 장악하여 전 세계에 큰 영향력을 행사하고 있다. 이에 우리 청년농업인들이 나서서 농업의 가치와 식량안보를 지켜 이를 후세에 물려줘야 한다.

필자는 농업의 가치를 지키고 확산하기 위한 방안으로 "농업정책 학습 및 농업가치교육 확대, 정치개혁, 농업 전 분야의 프로가 되자" 등을 다음과 같이 제안한다.

---

[43] 최근 행정안전부는 지역사랑상품권 가맹점 등록 기준을 연 매출액 30억 원 이하의 가맹점만 허용하도록 관련 지침을 개정. 이에 따라 전국 지역 농·축협이 운영하는 하나로마트 800개소가 가맹점에서 취소됨. 농·축협의 경제사업장 핵심인 하나로마트 영업 손실은 농·축협의 주인인 농민 조합원의 피해와 직결. 뿐만아니라 농산물과 생활물자를 하나로마트에서 구매하는 농촌 주민들의 불편함이 더욱 가중되고 있음. 정부 당국자가 농업·농촌의 현실을 제대로 이해했다면, 지역사랑상품권 농·축협 하나로마트 사용 제한과 같은 일은 벌어지지 않을 것임

🌿 농업정책 학습을 통해 농업 가치를 확산시키자

　농업 정책의 당사자는 농민이고 농민은 농업정책 결정 과정에 공직자들과 대등하게 참여해야 한다. 외국에서는 프랑스의 농업회의소가 정책 결정 과정 시 이해당사자를 참여시키는 등 모범적인 협치 모델로 주목받고 있다. 특히 프랑스 농업정책의 결정 과정을 보면 정부가 제안한 정책은 전국의 농업회의소로 보내져 현장의 검토를 거친다. 반대로 현장의 문제를 수렴하여 정부에 정책을 건의하기도 한다. 프랑스·독일 등 유럽 선진국들은 농업회의소를 통해 민관 거버넌스 체계를 구축하여 사회적갈등을 최소화하고 협치를 하고 있다.

　우리나라에도 농정의 올바른 거버넌스 체계가 구축되려면, 무엇보다도 농민 개개인과 농민단체의 정책 역량이 높아져야 한다. 농민들의 현장 의견을 대변하면서도 예산 집행의 효율성 등 합리적인 정책 대안을 제시하지 못한다면 정부와 지방자치단체에서 그 의견을 받아들이기 어려울 것이다. 농정 예산을 포함하여 중앙·지방 예산은 한정되어 있는데, 농민단체를 포함한 농업계의 합리적인 대안 제시가 미흡할 경우 정부와 지방자치단체들은 기존 법령과 제도의 틀 안에서 어긋나지 않게 예산을 책정·집행할 수밖에 없기 때문이다.

　농민들의 정책 역량이 정부와 대등한 입장에서 농정을 이끌어갈 수 있는 수준으로 높아져야 진정한 농정 거버넌스가 구축될 수 있다. 농민들의 정책 참여 역량이 높아지려면 농업생산 기술뿐만 아니라 농업정책에 대해 끊임없이 학습해야 한다.

이를 위해 농민을 위한 다양한 정책 역량 강화 교육에 적극적으로 참여하여 정책에 대한 이해도를 높여야 한다. 농민단체에서 실시하는 중앙 및 시도, 시군구, 읍면동회에서 실시하는 교육에 참여하는 것도 좋은 대안이다. 치열한 농업 정책 학습을 통해 정책 역량이 강화된 농민들은 정부 및 지방자치단체의 농업정책 결정 과정에 참여하여 농정 거버넌스를 구축해야 한다. 진정한 농정 거버넌스가 구축된다면 농업정책의 사회적 합의 가능성이 높아져 농업의 사회적갈등이 최소화되고 농업의 가치는 더욱 확산될 것이다.

🌿 농업교육 확대를 통해 농업 가치를 확산시키자

　농업의 가치가 올바르게 평가받기 위해서는 국민적 공감대 형성이 필요하다. 농민들이 농업 경쟁력 향상을 위해 가장 절실하게 지원을 요구하고 있는 것은 농업보조금인데 그 원천은 국민들이 납부하는 세금이다.

　국민들이 농업의 올바른 가치를 인식해야 농업 지원에 대한 국민적 공감대가 형성될 것이고 이를 위해서는 일반 국민들을 대상으로 한 농업 가치 교육을 강화할 필요가 있다.

　농업에 대한 사회적 인식이 올바르게 개선되어야 청년들이 희망을 가지고 농업 분야에 취농·창업하려고 할 것이다. 미국·일본 등 선진국은 당장 농업에 창업·취업하는 대상자들 이외에도 청소년기에 농업의 이해를 제고하기 위해 다양한 교육을 실시했다.

　미국은 1981년부터 농무부USDA 주관으로 지자체·학교·농업 및 소비자 단체 등이 협력하여 '교실에서의 농업AITC' 프로그램을 운영했다.[44] 농촌에 살지 않더라도 농업·농촌에 대한 기본적 이해를 가질 수 있도록 청소년기부터 농업·농촌 관련 교육을 체계화한 것이다. 일본의 경우에도 우리나라 교과서에서 지금은 다루지 않는 쌀과 수산물에 대한 내용이 교과서 및 정식 교과 과정에 포함되어 있다.[45]

---

[44] 청소년 대상 교양 농업교육 강화해야(농민신문, 임정빈 시론 2023)
[45] 한국과 일본의 실과(기술·가정) 농업교육 내용 비교(전주교대, 황동국 2017)

비슷한 예로 우리나라에서도 경제교육지원법을 통해 경제와 관련된 지식을 습득하고 의식을 함양하여 합리적인 의사결정 능력을 향상시키고 있다. 경제지원법 제5조 제2항에는 "국가는 학교에서 경제교육이 체계적이고 연속적으로 실시될 수 있도록 노력하여야 한다"고 명시하고 있다. 선진국의 농업 관련 교육 사례와 우리 경제교육지원법처럼 농업 가치 교육 강화를 통해 농업의 가치 확산 운동을 전개해야 한다. 특히, 초등학교 교육과정 및 교과서에 농촌의 기능 및 가치를 반영하여 어릴 때부터 농업의 중요성을 학교 교육을 통해 알 수 있게 해야 한다.

어린이에게 농업교육을 실시할 경우 정서 순환기능이 강화된다는 연구결과도 있는 만큼 자연학습의 장을 제공할 수 있는 농업을 체험교육까지 확대한다면 그 효과는 더 클 것으로 기대된다.

미국 Agriculture in the Classroom

국가 정책 및 입법권자들이 비농업 출신이 늘어나고 농업과 직접 관련이 없는 상황이 초래되면서 생산 중심의 식량 및 농업정책에서 소비 중심 정책으로 이동하는 것은 국가의 식량 수급 체계의 안정성과 신뢰성에 심각한 영향을 줄 수 있다는 문제 인식에 따라 국가적 차원의 대국민 농업, 환경, 식품 관련 인식 개선 정책 수행.

주요 내용은 각 주의 농업 교육을 지역의 요구에 가장 적합한 방식으로 운영, 교사 교육 및 교재 배분, 지역 내 교사들이 농업 내용을 교과에 접목, 지역 농민과의 연계를 통한 농업 체험, 농업교육 수행 교사 인센티브 지급 등.

자료 : 한국농촌경제연구원 정기간행물(미국의 Agriculture in the Classroom, 마상진, 2008)

경제교육지원법 주요 내용

- 국가는 경제교육을 활성화하기 위하여 경제교육의 현황과 국민의 경제이해력을 지속적으로 파악하도록 노력하여야 한다(제5조 제1항).
- 국가는 학교에서 경제교육이 체계적이고 연속적으로 실시될 수 있도록 노력하여야 한다(같은 조 제2항).
- 국가는 국민의 경제이해력을 향상시키기 위하여 교육 대상별로 적합한 경제교육이 활성화되도록 노력하여야 한다(같은 조 제3항).
- 국가는 경제이해력을 평가하고 인증하는 시험이 도입·정착되도록 노력하여야 한다(같은 조 제4항).

자료: 법제처(2013)

🌱 정치개혁을 통해 농업의 가치를 찾자

대개 농민들은 농업정책을 평가하여 농업을 대변하는 정당·후보에 투표하기보다는 다양한 이해관계의 틀 속에서 선거에 참여한다. 농업을 대변하는 정당이 없기도 하지만 보편적으로는 자신이 거주하는 지역의 지지율이 높은 거대 정당을 지지한다.

예컨대, 호남 농민은 더불어민주당에, 영남 농민은 국민의힘에 투표하는 경향이 강하다.

이를 기성 정치인들도 잘 알고 있기 때문에 여야 거대 정당에서 농업정책 공약이 후순위로 밀리거나 주요 핵심 공약으로 채택하지 않고 있다. 각 정당은 지역 구도로 투표가 주로 이뤄지고 있다는 것을 잘 알고 있기 때문에 농민을 대변해도 표가 나오지 않는다는 인식이 강하다.

조선시대 인조는 국제정세를 제대로 읽지 못하고 현실 인식이 부족하여 기울어가는 명나라를 사대하고 동북아의 패권국의 부상하는 후금(훗날 청나라)과는 대립하여 병자호란이 발생했다.

병자호란 결과 조선은 크게 패배하여 백성들은 큰 고초를 겪었고 본인도 청나라 숭덕제 앞에서 3번 절하고 9번 머리를 조아리는 삼배구고두례(三拜九叩頭禮)를 삼전도에서 행하는 굴욕을 겪었다.

우리 농민들도 농업정책에 무관심한 정치인들을 탓하기보다는 현실을 잘 인식하고 정치권의 정세 및 생리를 잘 파악하여 적극적으로 대응해야 한다.

1997년 이후 치러진 역대 대통령 선거에서 17대·19대 대통령 선거를 제외하고 1위·2위 간 격차가 1~3% 불과했음을 알 수 있다.[46] 특히, 윤석열 현 대통령이 당선된 20대 대통령 선거에서는 2위와 격차가 0.8%24만 명에 불과했다.

만약 230만 명의 농민들이 정치 조직화하여 강력한 힘을 발휘할 수 있다면 정치권에서는 그 힘을 무시할 수 없다. 농민들이 정치적 역량을 발휘하여 각종 선거에서 캐스팅보트 역할을 하게 된다면 그 영향력은 엄청날 것이다.

농민의 정치 조직화는 크게 두 가지 방법이 있을 수 있다. 첫째로는, 농업정책을 잘 이해하고 봉사 정신이 투철하여 농업·농촌 발전 기여도가 높은 농민들을 직접 국회의원, 지자체장, 광역의원, 시군구의원으로 직접 진출시키는 방법이 있다.

두 번째로는, 농민들이 농업·농촌·농민을 대변하는 특정 정당 및 후보에게 표를 몰아주는 방식이다. 농민들도 특정 후보·정당에 몰표를 줄 수 있다는 인식을 정치권에 강하게 심어줘 농민의 힘이 무섭다는 것을 보여줘야 한다.

농민들의 현장 목소리를 대변하고 대표성을 더욱 확고히 하기 위해 농민들의 공통 의견을 수렴·대변할 대표 협의체를 구성하여 각 중앙/시·도/시·군·구별로 농정 요구사항을 마련해야 한다. 이렇게 마련한 농정 요구사항을 각 정당 및 후보에게 제안을 하고 정당 및 후보자들이 이를 받아들이게끔 하여, 공약을 채택한 정당 및 후보를 투명하게 공개해야 한다.

---

46 17대 대통령 선거 이명박 후보 당선, 19대 대통령 선거 문재인 후보 당선

공개된 내용을 보고 농업공약을 채택한 후보들에게 몰표를 주어 농민들의 조직화 된 힘을 보여준다면 정치권에서 지금처럼 농업을 무시하지는 못할 것이다.

농민들이 선농후사先農後私 마음으로 사익은 버리고 공익을 추구하는 자세를 가져야 올바른 정치개혁이 성공할 수 있고 이를 통해 농업의 가치를 찾을 수 있다. 민주주의 사회에서 정치조직화는 본인의 이득과 종사하고 있는 산업을 대변할 수 있는 가장 현실적인 대안이다.

15대~20대 대통령 선거 결과

대통령 선거	날짜	당선자(득표)	2등(득표)	격차
15대	1997.12.18	김대중 40.3%	38.7%	1.6
16대	2002.12.19	노무현 48.9%	46.6%	2.3
17대	2007.12.19	이명박 48.7%	26.1%	22.6
18대	2012.12.19	박근혜 51.6%	48%	3.6
19대	2017.5.9	문재인 41.1%	24%	27.1
20대	2022.3.9	윤석열 48.6%	47.8%	0.8

자료 : 중앙선거관리위원회 선거 정보(2023년)

철저히 준비된 농민(프로)이 되어 농업 가치를 확산하자

해당 산업에서 성공하기 위해서는 우수한 품질의 가성비가 좋은 제품을 생산해야 한다. 더 나아가 우리 스스로 농업 전 분야의 프로가 되어 최고의 농산물을 생산·가공·유통·판매하고 해당 농산물을 소비한 국민들에게 인정받아야 농업의 가치가 확산될 수 있다.

현대 정주영 회장은 고장 난 자동차 보닛을 열면 고장 난 원인을 알 수 있었고 삼성 이건희 회장은 핸드폰을 분해·조립할 수 있었다고 한다. 두 기업인은 자사가 생산하는 제품에 대해서는 전 분야에서 누구보다도 잘 알고 있는 프로였다는 것을 알 수 있다.

이에 다음과 같이 농업 전 분야의 프로가 되기 위한 방안을 다섯 가지로 정리하여 제안한다.

첫째, 신품종을 접목시키고 재배 기술을 고도화해야 한다. 같은 품목·동일 면적이라도 높은 품질, 생산성 등 기술이 앞선 농가는 그렇지 않은 농가보다 배 이상 많은 소득을 올리는 경우가 있다. 실제, 사과 쓰가루 최고 상품과 중품 최저 가격 차이는 거의 2배 차이가 난다. 항상 공부하고 관찰하는 자세를 견지하고 신품종 및 재배 기술에 관한 정보를 수집·공유하고 품목 전담 연구기관 교육 연수 과정에도 적극적으로 참여해야 한다.

둘째, 농산물 출하 시기 및 출하량 조절하고 거래교섭력을 높여야 한다. 농사를 잘 짓는 농가도 해당 품목이 생산과잉이 되면 가격폭락을 막을 방법이 없다. 농민들의 작목 결정은 가격 변수가 가장 크게 작용하기 때문에 좋은 가격을 받기 위해 다양한 조직화가 필요하다.

우선, 농가별 재배면적을 조정하고 지역농업의 품목 조직화, 농가별 출하 시기 및 물량의 조정, 농가별 수확 면적 또는 폐기 면적 등을 조정해야 한다. 산지가 좋은 물건을 많이 확보해야 큰 이익을 남길 수 있고 좋은 물건을 많이 갖고 있어야 교섭력이 커질 수 있다. 또한, 농가와 조합, 지자체끼리 경쟁하면 절대로 제값을 받을 수 없으므로 거래교섭력을 높일 수 있도록 전국 단위 교섭 창구의 일원화가 필요하다.

셋째, 명실공히 명품 브랜드 상품을 만들어야 한다. 품질이 들쭉날쭉하면 구매계약 전에 일일이 확인하고 한 번에 대량 거래가 어렵고 그만큼 시간과 비용이 많이 소요된다. 대부분의 시군 및 조합 단위 지역명 표시 브랜드일 뿐 명품브랜드를 상품을 만들기 위한 자체 품질기준과 관리 과정이 없다. 규격화된 상품은 소비자들로부터 신뢰를 얻게되어 많은 소비자들이 온라인 및 오프라인으로 구매에 참여하게 될 것이고 구매자가 많아짐에 따라 가격은 좋아진다.

소비자들은 품질 판단에 대한 전문지식이 없으므로 프리미엄을 주고서라도 품질관리의 명성을 쌓은 브랜드 농산물을 구입하려 한다. 동일한 상품이라도 품질보증을 믿고 더 높은 가격에 물건을 구입하기 때문에 사업 주체는 스스로 세운 기준을 엄격하게 적용하고 선별해야 한다.

구체적인 품질기준이 정립되고 기준에 맞게 선별 및 등급을 준수하여 명품 브랜드상품을 만들면 이름 또는 샘플만 보고도 거래할 수 있게 된다. 이처럼 품질 기준에 맞게 정품·정량·정가로 생산된 농산물에 대한 소비자들의 재구매율은 높아지게 될 것이다.

넷째, 가공으로 새로운 수요를 창출하고 부가가치를 높여야 한다. 가공되지 않은 1차 신선 농산물을 판매하고 고부가가치를 창출하는 데는 한계가 있지만 가공품은 개발이 어려울 뿐 수요에는 한계가 없다.

그러나 조금 남는 물량인 하품을 처리하는 정도의 가공에 만족해서는 새로운 수요를 창출할 수 없다. 생산 농가 및 산지 조직들은 가공 적성에 맞는 품종과 충분한 물량이 있어야 한다. 지역농가들의 가장 안정적인 판매처인 학교·공공 급식에서도 가공 농산품이 차지하는 비중은 54%이다.

끝으로, 농산물 수출 선도주자가 되어야 한다. 이 작은 땅에서 소비자가 원하는 각종 채소·과일·축산물 등을 생산하면서 농산물 수출까지 판매를 확대하기에는 현실적으로 어려움이 있다.

그러나 최고 품질의 명품 농산물 생산이 가능하고 충분한 사업물량 유지가 충분한 품목부터 농산물 수출을 위해 나서야 한다. 최고 수준의 연구 및 교육기관과 경영 역량이 뛰어난 사업조직을 확보하고 농민들은 사업 조직에 참여하여 농산물 수출 선도주자가 되어야 한다.

필자가 청년농업인들에게 "철저한 준비로 농업 전 분야의 프로가 되자"라고 당부하는 것은 도마 안중근 의사의 독립운동 정신에서 비롯됐다.

안중근 의사는 침략의 원흉 이토 히로부미를 1909년 하얼빈에서 암살하여 민족의 자존심을 살리고 한국 독립 의지를 전 세계에 알렸다. 안중근 의사는 이토 히로부미가 러시아 재무상과 러일 간 경제 회담을 갖기 위해 1909년 10월 26일 중국 하얼빈을 방문한다는 정보를 알아내어 기차들이 중간에 정차하는 '차이자거우역'에서 우덕순, 조도선이 함께 거사를 하기로 하였다.

그러나 차이자거우역은 경비가 삼엄해 객사에서 나가 의거를 한다는 것 자체가 불가능했던 데다가 러시아 육군 병력이 보안을 이유로 열차가 지나갈 때까지 숙소 문을 잠가버려 탈출도 불가능했다.

다행히 당초에 차이자거우에 왔던 안중근 의사는 혹시 모를 차이자거우 거사 실패를 대비하여 자신은 하얼빈 거사를 위해 하얼빈으로 이동한 상태였다.

만약 이때 거사를 위한 안중근 의사의 철저한 준비가 없었다면 하얼빈 거사도 실패하였고, 이토 히로부미도 무사히 경제 회담을 마치고 일본으로 살아서 귀국했을 것으로 예상된다.

이처럼 청년농업인들도 철저한 준비를 통해 이토 히로부미를 처단한 안중근 의사의 독립운동 정신을 이어받아 철저하게 순비된 농민프로이 되어야 한다.

또한, 안중근 의사는 본인의 유·불리보다는 옳고·그름에 따라 모든 일을 행하였듯이 청년농업인들도 당장 이익이 되는 유·불리보다 더 큰 가치인 옳고·그름에 따라 모든 일을 결정하고 판단했으면 하는 바람이다.

에필로그

아버지가 농민이라 자랑스러운 필자

우리나라는 대내외적인 경제 리스크 및 불확실성이 커지면서 모든 산업 및 계층, 직업군에서 많은 어려움에 직면해 있으며 사회적 불평등도 심화되고 있다.

실제, 프랑스 경제학자 피게티가 개발한 베타 값은 높을수록 자본에 비해 노동 몫이 줄어드는 것을 뜻하는데, 우리나라는 무려 9에 가깝다.[47]

프랑스 혁명기였던 레미제라블 시대가 7.5였다고 하니 우리나라 불평등이 얼마나 심각한 상황에 놓여 있는지 알 수 있다.

특히, 농민들은 수입농산물 전면 개방과 생산비 폭등, 농작물 재해 피해가 늘어나 농가소득이 하락하는 등 많은 어려움에 직면하고 있으며 도농 간 격차도 심화되고 있다.

---

[47] 프랑스의 경제학자 토마 피케티가 개발한 베타값은 한 나라의 전체 자산 가치를 국민소득으로 나눈 값을 뜻함. 피케티 지수(베타값)가 높을수록 자본에 비해 노동 몫이 줄어드는 것을 뜻함

여기에 더해 농업 가치에 대한 부정적인 인식이 과거보다 더욱 강해지고 있어 그 고민도 깊어지고 있다.

그렇다고 농업은 희망이 없다는 말은 인정할 수 없다. 1971년 노벨 경제학상 수상자인 쿠즈네츠 교수는 "후진국이 공업화로 중진국은 될 수 있으나, 농업 발전 없이는 선진국이 될 수 없다"고 했다. 워런 버핏과 조지 소로스와 함께 세계 3대 투자자인 짐 로저스는 "농업이 미래다. 농업에 투자하라."라 주장했다.

우리 시대의 지성이고 석학인 이어령 선생은 '앞으로 직업의 매력이나 중요성으로 판단했을 때 농업이 중요하다'고 했다. 그리고 한국농촌경제연구원에서 실시한 '2023 농업·농촌 국민 의식 조사'에서 국민 80%가 "국가경제에서 농업이 더 중요해질 것"으로 답변했다.

세계적인 투자자·경제학자·석학들의 지론과 생각, 그리고 국민들의 설문조사를 종합해 보면 농업의 미래는 밝고 발전 가능성은 무궁무진하다는 것을 알 수 있다. 세계적인 국내외 유명인사와 우리나라 국민들은 미래에 농업은 더욱 중요해질 것이며 매우 희망이 있다고 인식·전망하고 있기 때문이다.

희망을 갖는 것은 인생에서 매우 중요하다. 흑인 인권 운동가 마틴 루터킹 목사는 1963년 미국의 워싱턴 D.C. 링컨 기념관 발코니에서 행한 "나에게는 꿈이 있습니다."라는 연설에서 인종 차별의 철폐와 각 인종 간의 공존이라는 희망의 불씨를 쏘아 올렸다.

이런 희망의 불씨는 불꽃이 되어 2008년 버락 오바마가 흑인 출신으로는 최초로 미국 대통령 44대으로 당선될 수 있었다.

필자가 현장 농민들을 대상으로 강의할 때 우리 농업 가치를 오랜 경력과 경험을 토대로 다양하게 해석을 해주면 상당히 호응이 좋았다. 강의를 들을 농민들은 우리 스스로 농업 가치를 높게 인식하지 못했는데 강의를 통해 그 가치를 올바르게 인식할 수 있었고 농민으로서 자부심도 높아졌다고 말했다.

농민들 스스로 농업의 가치를 제대로 인식하지 못한다면 농업에 대한 정부 지원 축소는 물론 제 가격을 주고 소비자들도 농산물을 구입하지 않으려 할 것이다. 사람에게 백해무익百害無益하여 가치가 낮다고 인식되어 있는 담배에 대해서는 지속적으로 담뱃세 인상 등의 요구가 사회 각계각층에서 이어지고 있다.

정주영·이건희 회장 등 기업가들은 본인이 종사하는 산업에 가치를 높게 보고 엄청난 노력과 투자를 통해 성공의 길로 나아갈 수 있었다. 현대차, 삼성전자에 근무하는 직원들이 자동차와 핸드폰의 가치를 낮게 본다면 소비자들도 그 가치를 높게 보려고 하지 않을 것이다.

청년농업인들도 농업에 대한 가치를 제대로 알아야 소비자들에게 농산물 가치의 우수성을 알릴 수 있고 농산물의 제 가격도 당당하게 요구할 수 있다.

스티브 잡스가 기부에 인색하다고 일부에서 비판을 받자, 잡스 지지자들은 혁신적인 스마트폰을 만들어 이미 사회에 많은 기여를 했다고 응수했다. 청년농업인들도 농민은 생명 안보 산업을 지키는 파수꾼이고 국가 발전에 많은 기여하는 직업이라는 인식을 가지고 자존감을 높였으면 한다. 이 책을 통해 청년농업인들에게 농업의 가치를 제대로 알게 해 줘 농민으로서 자존감을 높이고 성공할 수 있는 에너지를 불어넣어 주고 싶다.

청년농업인이 식량안보 및 생명산업인 농업으로 성공할 경우 개인적인 영달은 물론 국가발전에도 기여하는 길이다.

필자도 아버지가 가난한 농민이라 창피했던 어린 시절을 보냈다. 그러나 농업과 관련된 다양한 직군·직종에서 근무를 하면서 농업의 가치가 높고 우수하다는 것을 깨닫게 되었다. 그래서 지금은 농민이었던 아버지가 자랑스럽다.

자랑스러운 아버지께서 영면하신 납골당에 이 책의 원고를 남겨두고 나오면서 곡식이 잘 익어가고 있는 황금 들판과 비단에 수를 놓은 듯한[48] 아름다운 농촌 풍경을 바라보니 삼국사기 백제본기와 조선경국전에 등장하는 고사성어 "검이불루 화이불치 儉而不陋華而不侈[49]"가 불현듯 생각났다.

"소박하고 아름다운 우리 농업·농촌은 검소하지만 누추하지 않고 화려하지만 사치스럽지 않구나!"

"아버지! 농민의 아들로 태어나게 해주시고, 아름다운 농촌에서 자랄 수 있도록 해주셔서 감사합니다."

"아버지, 사랑합니다."

2장의 집필은 현장에서 직접 농업경영을 하고 계시는 김수정 선생님께 넘긴다.

---

48 필자의 고향은 충남(忠南) 금산(錦山). 금산은 비단같은 푸른 이불무늬로 산과 들이 덮혀 있다는 뜻
49 검이불루 화이불치(儉而不陋 華而不侈) : "검소하되 누추하지 않고, 화려하되 사치스럽지 않다"는 뜻. 『삼국사기』의 저자 김부식이 백제본기에서 온조왕 15년(BC 4년) 지어진 궁궐의 자태에 대해 남긴 말 정도전은 『조선경국전』에서 "궁궐의 제도는 사치하면 반드시 백성을 수고롭게 하고 재정을 손상시키는 지경에 이르게 될 것이고, 누추하면 조정에 대한 존엄을 보여줄 수가 없다"며 검이불루 화이불치 정신을 강조함

|참고문헌|

마상진(2008). 한국농촌경제연구원 정기간행물(미국의 Agriculture in the Classroom).
이헌목(2012). 한국농업 희망 솔루션. 한국농어민신문.
황동국(2017). 한국과 일본의 실과(기술·가정) 농업교육 내용 비교.
주대환(2017년). 주대환의 시민을 위한 한국현대사. 나무나무.
한국은행(2022). 한국은행 산업연관표.
한국농촌경제연구원(2022). 2023년 농업전망.
농림축산식품부(2022). 중장기 식량안보 강화방안.
통계청(2022). 통계청 인구주택총조사.
이헌목. 지역농업발전을 위한 품목조직화 발표자료.
통계청(2023). 농림어업총조사 발표자료.
양승룡(2023). '농의 가치 확산과 교육의 역할' 심포지엄 발표자료.
농림축산식품부(2023). 외식업경영실태조사.
산업통상자원부(2023). 우리나라 FTA 체결 동향 정부 발표자료.
금융위원회(2023). 공적자금 누적 회수율 발표자료.

|인터넷 및 신문자료|

농민신문(2020.10.22.). 한국 농업 지원이 '과다?'… 현실은 '반대'.
        https://www.nongmin.com/601059?type=ar_id
한국농정신문(202210.9) "배춧값, 뻔히 보이는 하락의 길로"
        https://www.ikpnews.net/news/articleView.html?idxno=48728
뉴시스(2023.5.18.). 김상효 기고, 외식물가 상승에 관한 몇 가지 오해?
        https://www.sedaily.com/NewsView/29PMJPDHJQ
한국농어민신문(2023.9.22.) 고령농 노후소득 지원 대폭 확대… '농지이양은퇴직불' 내년 시행.
        http://www.agrinet.co.kr/news/articleView.html?idxno=321287
연합뉴스(2023.) "환자 35%가 60대 이상… '노년의 질병' 돼가는 우울증, 노인빈곤 한 몫"
        https://www.yna.co.kr/view/AKR20230929002900004
농민신문(2023.11.13.) 임정빈 시론, 청소년 대상 교양 농업교육 강화해야.
        https://www.nongmin.com/article/20231110500609
농민신문(2024.2.8.) 소비자 1000원 지출때 사과에 겨우 2.3원 쓰는데...물가 들썩하면 농산물 탓?
        https://www.nongmin.com/article/20240207500750
아주경제(2024.3.28) "[서진교 칼럼] 검역 풀어 '금사과' 잡겠다? … 요동치는 농심도 돌아보길"

2부
스마트팜 기업가정신

1 농업, 그리고 기업가정신

농업에 대한 사랑

농업 생태계에서 다양한 활동을 하다가, 갑자기 '농업 기업가정신'에 집중하게 된 것은 무엇 때문일까?

아마도, 농업을 사랑했기 때문일 것이다.

언제부터 좋아하고 관심을 가지게 되었는지는 잘 모르겠다. 아무래도 어렸을 적 흙을 가지고 놀았던 즐거운 추억들이 인생을 지탱해 주었기 때문은 아닐까?

서울에서 태어났지만, 어린 시절부터 자연과 농업에 대한 관심이 높았기 때문에 시골에 시집가서 살기를 꿈꿨다. 필자는 어린시절부터 "농업을 사랑하는 꽃수정"이라는 타이틀로 블로그를 오랫동안 운영해 왔다. 그 기록들을 다시 되새겨 보면, 도시보다는 자연에서 보내는 삶이 나에게 더 맞다는 생각을 하게 된다.

그렇듯 자연스럽게 농대를 진학하고 졸업할 때쯤,

'농업 분야에서 내가 잘하는 것이 무엇일까?'라고 내 스스로에게 질문을 했다.

무엇보다 가르치는 일이 적성에 잘 맞는다는 것을 깨달았다.

자연스럽게 임용고시를 준비하여 운이 좋게 합격을 했고 농업고등학교 식물자원조경 교사로 11년 동안 근무를 했다. 농업고등학교라는 특성화 고등학교에서 정말 즐겁게 근무했다. 농업의 아이돌이 자라나는 학교에서의 근무는 너무나 행복했다.

그러나 아이들에게 농업의 기초를 가르치며 즐겁게 교사 생활을 하면서도 이유 모를 갈증을 느꼈다.

"이게 진짜 농업인가?"
"농업의 현실은 어떤가?"

이러한 끌림으로 학교 4-H 활동도 하고, 청년 농업인 단체에도 함께 활동할 기회를 가지며 농업의 현실에 한 발짝 더 다가가고자 노력하였다.

그러던 중, 2019년 페이스북 알고리즘에 의해서 아산나눔재단의 티처프러너를 만나게 되었고 서류전형, 면접을 통과한 후 티처프러너 1기에 선정되었다.

그때 기업가정신에 대해서 알게 되었고 그 이후로 나의 삶은 많이 달라졌다.

나만의 농산물 브랜드 만들기

김수정 | 김천생명과학 고등학교 교사 / 아산 티처프러너 1기

"졸업 후 농사를 짓는 학생들이 많은데, 그동안 구체적으로 기업가적 역량을 갖출 수 있는 기회를 제공하지 못해 아쉬웠습니다. 학생들이 자신에게 맞는 분야를 찾고, 스스로의 삶을 경영해나갈 수 있도록 농업 분야의 기업가정신 역량을 길러주고 싶었어요."

특성화고에서 농업 학과를 담당하는 김수정 선생님은 학생들의 진로에 대한 고민이 많았습니다. 대부분의 학생이 농업경영인이 되는 것을 꿈꿨지만, 리더십, 농업경영 등 이론만을 접할뿐, 기업가정신 역량을 기를 수 있는 종합적 교육은 부재하던 상황이었습니다. 김수정 선생님은 아산 티처프러너의 문을 두드렸고, 곧 농업 현장에 나갈 학생들이 실전 역량을 기를 수 있는 기업가정신 교육 커리큘럼을 만들었습니다.

단순히 농산물 재배만 가르치던 삶에서 농업경영인의 삶과 실제 모습에 대해서 관심이 더 많아졌고 농업 기업가정신에 관련된 현장연구논문도 집필하게 되었다.

농업의 아이돌 성공 CEO프로젝트

교육형 스마트팜 온실 2회 총 담당자

치열하게 살았고 그만큼 재밌던, 나를 키워준 농업고등학교 교사의 삶.

그 삶을 2023년에 마무리 짓고 농업경영인이라는 새로운 삶을 시작하였지만, 그 당시 농업고등학교에서 행복했던 교직 시절을 떠올리면 아직도 행복감에 젖는다. 그때 제자였던 아이들이 현재 각 지역의 농촌 사회를 이끌어가는 청년 농업인이 되었고, 지역 사회에서도 인정받는 중요한 존재로 자리매김하고 있다.

교육은 힘이 있다.

특히 농업과 연결해서 교육을 해야한다는 생각이 있다.

앞으로도 꾸준히 공부하고 나누며, 미래 농업을 이어갈 다음 세대를 양성하는 등 농업 분야의 중심에서 내가 할 수 있는 최선을 다하고 싶다.

농업에 몸담고 치열하게 살다 보니 농업 분야는 할 수 있는 일도 다양하고, 그렇기에 하고 싶은 일도 정말 많다. 그 모든 일들을 혼자서 다 해낼 수는 없기에 '그린에이션'이라는 회사를 만들었고 사람들과 함께하기 위해 열심히 노력하고 있다. 언젠가는 농업을 사랑하는 사람들이 체계적으로 공부하고 나눌 수 있는 공간으로 활성화되기를 바란다.

나만의 농업의 꽃을 활짝 피우기 위해 오늘도 차곡차곡 자라야겠다.

이 책을 만나는 분들과도 꼭 함께하는 그 날들을 기대해보며 그동안의 연구했던 결과를 공유하고자 한다.

세계 속의 한국 농업, 그리고 농업에 대한 부가가치

네덜란드에 네 번 정도 방문할 기회가 있었다.

여러 번 가면서 느끼는 것이지만, 한국의 농업은 세계 최고의 수준이다.

지리적으로 안 좋은 상황과 농업을 하기에 녹록지 않은 기후 등 여러 어려운 자연환경 속에서도 경쟁국인 중국, 일본이 있음에도 우리나라 농업의 경쟁력은 점점 더 높아지고 있다.

우리나라 농업인들은 왜 이렇게 대단할까?

특히 요즘 젊고 트렌디한 농업인들을 생각하면 정말 멋있고 대단하다는 생각을 거듭하게 된다. 하지만 아직도 우리나라 사람들의 농업에 대한 인식은 크게 바뀌지 않은 것 또한 인정하지 않을 수 없다.

"왜 사람들은 농업에 종사한다고 하면 안 좋게 보는 것일까?"

내가 결혼할 당시에도 주변 사람들에게 축산인과 결혼한다고 하니 좋지 않은 시선으로 바라보던 사람들이 많았다. 이렇듯 농업에 대한 대다수 사람의 좋지 않은 시선을 어떻게 극복할 수 있을지에 대한 고민으로 많은 생각을 하고 있을 때, '기업가정신'이라는 키워드가 나에게 다가왔.

한순간에 나아질 수는 없겠지만, 농업인의 역량과 가치, 그리고 농업에 대한 중요성을 사람들에게 인식시키기 위해서는 지금과는 다른 차원의 행동이 필요하다고 생각하게 된 것이다.

질 좋고 건강한 농산물을 생산하는 것은 당연한 일이고, 그 외에도 농업이 인류 미래에 얼마나 가치 있는 일인지 알리는 것도 중요한 일이라고 생각한다. 그러기 위해서는 선진 농업 문화에 대한 연구와 창의적인 아이디어를 발산할 수 있는 환경을 끊임없이 마련해야 할 것이다.

그런 관점에서, K-문화의 선풍적인 인기를 활용하여 아이돌을 주인공으로 한 농업 드라마를 기획해 보는 것도 기존의 지루하고 재미없는 농업에 대한 이미지를 단번에 쇄신할 수 있는 참신한 방법이 될 수 있지 않을까 생각해 보았다. 그렇게 되면, K-pop을 사랑하는 해외 팬들에게도 더불어 K-농업에 대한 긍정적인 인식을 심을 수 있어 우리 농산물의 수출도 더욱 활성화될 수 있지 않을까 기대해 본다.

농업의 부가가치!
어떻게 확장할지가 관건인 것 같다.
이를 위해서는 농업 기업가정신이 필요하다.

농업의 아이돌이 기업가정신을 구축하려고 하는 모습

닉네임이 꽃수정인 이유

농업교사가 되고나서 가장 처음 재배한 작물이 꽃이다.

봄초화, 여름초화, 가을 국화 등을 키웠는데 지금 생각해 보면 초보 농업교사가 감당하기에는 쉽지 않은 도전이었지만 주위에서 많은 분들이 도와주셨고, 다행히도 주변에 좋은 분들과 열정적인 분들을 많이 만났다.

여주자영농업고등학교에서 엄청 힘들게 농작물을 키우고 판매했었다. 그 당시에 김병순 교장선생님께서 열성적으로 이끌어주셨고, 김명찬 부장교사님께 눈물 쏙 빼면서 배웠다. 그분들에게 배운 많은 것들이 내 농업인생의 기틀이 되었기에 처음에 배우는 것이 정말 중요하다는 사실을 깨닫게 되었다. 농업도 기초를 잘 배워야 한다.

다시 꽃 이야기로 넘어가 보면, 꽃은 그 자체로 너무 예쁘고, 보는것만으로 행복감을 주는 존재다.

그러나 그 꽃을 피우기 위해서는 내적으로는 C/N율과 호르몬, 외적으로는 일장과 온도 자극이 필요하고, 수분 수정을 해야 한다. 또한 꽃은 피는 것으로 끝이 아니다. 꽃이 피고 나서도 해야 할 일이 많다. 열매가 만들어지고 종자를 생산하기 위해서는 많은 동화산물이 전류되어야 한다. 꽃 하나가 열매를 맺고 결과를 잘 이루어내는 것이 쉬운 일이 아니다.

내 농업 인생도 그렇다.

창업은 불안하고 불확실한 면이 매우 크다.

또한 농업 분야의 창업가로서의 삶에 적응해야 한다. 현재의 농업 분야는 혼자서 해야 하는 것들이 많고 스스로 결정해야 하는 것들이 많다. 앞으로는 농업이 우리나라 국민의 건강을 책임지는 중요한 분야로서 인식되고 동시에 농업인의 소중한 가치가 제대로 평가받는 날이 오길 기대한다.

2 기업가정신

앙트레프러너십

이제 기업가정신에 대해서 생각해 보자.

기업가정신이란 무엇일까?

기업가정신은 단순히 기업가가 되기 위한 정신이 아니다.

네 가지 핵심 요소, 즉 공감적 문제 발견, 창의적 문제해결, 구현, 사회적 파급이 포함된 복합적인 개념인 앙트레프러너십Entrepreneurship을 우리말로 표기할 때 가장 유사한 표현으로서 '기업가정신'이라는 용어를 쓰기 시작했다.

복잡한 세상 속에서 농업 경영인으로서의 기업가정신을 구체화하는 것이 매우 중요하다.

아산나눔재단 기업가정신 슬로건

기업가정신의 정의

　기업가정신 혹은 창업가정신은 외부 환경 변화에 민감하게 대응하면서 항상 기회를 추구하고, 그 기회를 잡기 위해 혁신적인 사고와 행동을 하여, 그로 인해 시장에 새로운 가치를 창조하고자 하는 생각과 의지이다.

　농업과 관련된 창업을 할 때는 자금 부족, 네트워크 부족 등 각종 위기에 직면하게 된다. 이에 따라 수 많은 창업에 대한 사항이 불확실하게 나타나기도 한다.
　진정한 나만의 농업 기업가정신의 의미를 알게되고 그것을 실제 실천하게 된다면 성공에 조금 더 까까워지지 않을까?

 기업가정신에 대해 더 알아보기

　여러 학자, 기업가들이 주장한 기업가정신에 관한 요소들을 찾아보고 읽어보자.
　각 기업들이 가지고 있는 각각의 요소들이 너무도 다르기 때문에 처음부터 기준을 가지기란 매우 어렵다.
　그러니 많은 사람들이 이야기 했던 요소들을 파악하고 나에게 맞는걸 찾아서 적용해야 한다.

　다양한 연구자들이 주장한 기업가정신의 핵심역량들은 다음과 같다.

학자와 기업가정신의 핵심역량

연구자	정의	핵심역량
knight(1921)	불확실성과 위험의 부담으로부터 생기는 이윤을 추구하는 행위	위험감수, 이윤추구
Schumpeter(1934)	생산적 요소의 새로운 조합을 발견하고 촉진하는 창조적 파괴의 과정	새로운 결합촉진
McClelland(1934)	개인의 적절한 위험 도전 성향	위험감수
Leibenstein(1970)	조직의 비효율성을 제거하고 조직의 엔트로피를 역전시키는 과정/활동	비효율성 제거, 가치창출
Casson(1982)	희소자원을 조정하는 의사결정 활동과 과정	자원의 조정
Stevenson(1983)	현재 보유하고 있는 자원에 구애받지 않고 기회를 추구하는 것	기회추구
Burgelman(1983)	사내 벤처(팀)를 창출하는 과정	조직체 창조
Ronstdt(1984)	점진적인 부 창출을 창조하는 역동적	이윤 추구
Gartner(1985)	신조직의 창조(과정/활동)	조직체 창조
Drucker(1985)	새로운 부창출 능력을 가진 기존 자원의 할당을 포함한 혁신의 한 행동	혁신(자원의 할당)
Hisrich(1985)	또 다른 가치를 창조하는 과정	가치 창출
Suhuler(1986)	사내기업가들의 혁신적, 위험감수적 활동	혁신과 위험감수
Stevenson and Jarillo Mossi(1986)	기회를 개발하기 위해 자원을 결합함으로써 가치를 창조하는 과정	가치창출
McMillan and Long (1990)	새로운 성장기업을 구축하는 과정 또는 활동	성장성
Amit, Glosten, and Muller(1993)	불확시하고 모호한 환경하에서 새롭고 독특하고 가치이는 자원의 조합으로부터 수익을 창출하는 과정	자원의 조합
Timmons(1994)	기회에 초점을 두고, 총체적 접근방법과 균형잡힌 리더십을 바탕으로 하는 사고/추론/행동 방식	기회추구 사고/추론/행동방식
Kao(1995)	부가가치를 창출하는 과정	가치창출
Lumpkin and Dess (1996)	조직의 신규진입	조직체 창조
Sexton and Smilor(1997)	지속적인 성장을 위해 새로운 사업기회를 추구하는 행위	사업기회 추구와 성장성
Duane and Hitt (1997)	파악된 기회의 이점을 취하기 위해 자원을 수집하고 통합하는 것	자원 수집과 통합 이윤추구
배종태, 차민석 (2009)	현재 보유하고 있는 자원이나 능력에 구애받지 않고, 기회를 포착하고 추구하는 사고 방식 및 행동양식	기회추구 사고방식 및 행동양식

연구자들이 주장한 사항들을 읽어보고 나만의 정의를 내려보는 것도 좋다.

수많은 학자들이 주장한 다양한 기업가정신 역량에 대한 것을 보고 어떤 생각이 드는가?

농업에도 이런 기업가정신 역량을 펼칠 사람들이 있지 않은가?

실제 농업에 관계된 분들 중에서 기업가정신을 가지신 분들은 꽤 있었다.

농업인, 농업연구자, 농업직 공무원 등 그들이 가지신 그들만의 고유의 기업가정신 핵심역량을 가지고 계신다.

농업인뿐만 아니라 모든 사람들에게 기업가정신이 필요하다.

여전히 불안한 초보 창업자이지만 창업 초기에 모토로 삼았던 아산 나눔재단의 문구처럼 앞으로, 천천히, 지속적으로 나아가 볼 계획이다. 힘들고 지칠 때마다 아래의 문구를 떠올리며 다시금 마음을 다잡곤 한다.

"창업의 가장 근본은 낙관적인 사고와 자신감이다."

"무엇이든 할 수 있다고 생각하는 사람이 해내는 법이다."

"당신으로 하여금 힘을 나게 하는 자신만의 문장은 무엇인가?"

나만의 기업가정신 문장 쓰기

🖉 적어보기

1.

2.

3.

농업 분야 기업가정신 역량 찾기

농업 분야에서 성공한 사람들을 가만히 살펴보자.

그들은 어떤 역량을 가지고 있는가?

멀리서 찾을 필요도 없다. 우리 주변의 성공적으로 농업경영을 하신 분들의 역량을 생각해 보고 나에게 맞춰 적용해 보는 것이 필요하다.

📢 기업가정신 역량

- **혁신성**
  새로운 생산 방법이나 상품 개발 등을 통해 창조적인 가치를 창출

- **위험 감수성**
  불확실한 미래에도 불구하고 기회를 포착하고 도전하는 능력

- **진취성**
  최고 수준의 목표를 설정하고, 그 목표를 달성하기 위한 최선의 노력

- **자율성**
  스스로 목표와 원칙을 설정하고, 능동적으로 일하며 결과에 대한 책임

- **경쟁적 공격성**
  경쟁 환경에서도 적극적으로 공격하고, 시장을 선점하는 능력

- **헌신 & 결단 & 인내심**
  목표를 달성하기 위해 필요한 헌신과 결단력, 그리고 인내심

- **성취 추구**
  개인적이거나 조직적인 목표를 성취하기 위한 끊임없는 노력

- **기회 지향성**
  미래의 변화에 대해 새로운 기회를 적극적으로 탐색

- **독창성과 책임감**
  독특하고 창의적인 아이디어를 가지며, 그 아이디어에 대한 책임

- **끊임없는 문제 해결 추구**
  문제를 해결하기 위해 끊임없이 새로운 방법을 모색

"농업에도 기업가정신이 꼭 필요한가?"

농업 분야에도 기업가정신은 꼭 필요하다.

사회·환경적 변화와 더불어 농업 산업의 급격한 환경 변화에 따라, 농업 분야에서도 창업에 성공하기란 어려운 일이다. 또한 농업과 농업 종사자에 대한 가치를 충분히 인정받기 위해서 농업에도 기업가정신은 꼭 필요하다.

아직 학문적으로 정의 내리거나 구체화되어 있지는 않지만, 실제 농업으로 성공한 사람들은 자신만의 기업가정신 핵심 역량들을 가지고 있다.

그들의 공통적인 특성과 각각의 세부적인 이야기를 들어보면 모두가 자신만의 기업가정신 역량으로 자신의 몫을 충실히 하며 성공을 향해 나아가고 있음을 알 수 있다. 그러한 정신을 배우고 실천하여 우리의 역량을 발휘할 수 있도록 노력해야 한다.

농업과 기업가정신이 함께 해야 한다.

기업가정신 핵심역량 생각해 보기

아래는 필자가 생각하는 농업 기업가정신 역량이다.

핵심 역량들은 사람, 환경, 자신의 사고방식에 따라 달라질 수 있다.

여러분들이 생각하는 농업경영을 할 때 기업가정신 역량들은 무엇인가? 생각해 보고 써보는 것이 중요하다.

기업가정신 역량들은 경영주의 방침과 사회 흐름에 따라 달라질 수 있다. 그러니 두려워하지 말고 차분히 자신만의 농업 기업가정신 역량에 대해서 적어보자.

적어보기

1. ....
2. ....
3. ....

3 스마트팜과 혁신

농업 산업의 미래

....

스마트팜은 최근 4차 산업혁명 기술이 적용되어 더욱 진화하고 있는 농업의 한 분야이다. 스마트팜은 ICT, IoT, Big data, Cloud, AI 등의 신기술을 농작물이나 가축의 생육·환경에 접목하여 자동화, 지능화, 연결화 등의 서비스를 제공하며, 원격 제어를 가능하게 한다. 또한 스마트팜은 비닐하우스, 유리온실, 축사 등에 ICT를 통해 원격·자동으로 작물 및 가축의 생육환경을 유지·관리할 수 있는 농장으로서 기후변화, 농촌의 인력난, 연중 안정된 생산, 농업의 질 향상 등에 기대효과를 나타내고 있다.

과거 스마트팜은 스마트 원예 분야에 집중되었으나, 최근에는 그 적용분야가 다양해지고 있다. 스마트팜은 농업 분야에서 미래성장산업을 증대하는 중요한 역할을 담당하고 있다. 스마트팜에는 기존의 시설에 비해 많은 예산이 투여되므로 스마트팜을 성공적으로 운영하기 위해서는 끊임없이 고민하고, 기록하는 등 농업 경영자 스스로가 스마트한 경영자가 되어야 한다.

현재 스마트팜을 운영하는 전문가들이 공통으로 이야기하는 것이 있다.

"농장주가 스마트해야 스마트팜이 이루어진다."

어떻게 농장주가 더 스마트해질 수가 있을까? 그 부분에 대해서 다양한 측면에서 고민하고 생각해야 한다.

혁신의 10가지 유형

혁신이라는 말이 가슴에 와닿는가?

기업가정신을 배우게 될때 '혁신'이라는 말을 자주 배우게 된다.

내 경우에는, 처음 이 말을 접했을 때 전혀 와닿지 않았다. 창업을 위해 "혁신하라."라는 말을 들었고, 열 가지 혁신의 유형이라는 개념에 대해서 알게 되었다.

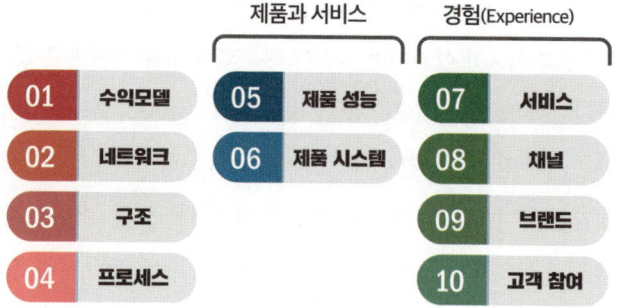

| 열 가지 혁신의 유형 |

위와 같이, 일반적인 창업에서의 혁신은 열 가지로 구분된다.

농업 분야에서는 이 중 5번 제품 성능, 9번 브랜드가 대표적인 혁신 유형이라 할 수 있다. 5번 제품 성능은 농산물의 퀄리티를 의미하며, 9번 브랜드는 농작물을 키우는 농업경영인을 말한다.

농업경영인이 가지고 있는 철학과 가치에 따라서 추구하는 방향이 다르다.

"어떻게 지속적으로 해 나갈 것인가?"

"앞으로의 농업은 어디까지 혁신을 추구해야 할 것인가?"

농업 분야는 연계되는 분야가 참 많다. 확장성이 큰 산업이다.

또 다른 혁신을 농업 분야에 적용하면 무엇이 될까? 나만의 혁신을 구축하고 실천해야 한다.

농촌 융복합산업, 6차 산업

농업에서 '6차 산업이 가능한가?'라는 생각을 했다.

1차인 작물도 재배를 못 하는데, 2차 가공까지 하고 3차 체험까지 감당할 수 있긴 한지 의문이 들었다. 하지만 농작물 재배 규모가 크지 않은 경우에는 더욱 선택해야 할 것이 바로 6차 산업이다.

출처 : 6차 산업

농업은 인간의 삶에서 절대 뗄 수 없는 요소이다.

먹고, 즐기고, 함께 한다. 그렇기 때문에 농업으로 확장할 수 있는 산업은 많을 수밖에 없다.

농업 분야에는 농업과 연계된 새로운 직업이 많이 생겨나고 있다.

눈에 보이는 것이 아니어서 체감되지 않기에 나와 상관없는 것 같지만, 농업은 우리의 삶과 밀접하게 연계되어 있음을 알아야 한다.

농업농촌 미래의 유망선정 100선

구분	직업종류(100개)		
	I. 농촌자원을 코디하는 신규직업 : 35개		
사회·문화 분야 (35)	001 곤충전문컨설턴트	002 공동체재생가이드	003 귀농귀촌플래너
	004 노인돌봄매니저	005 농업유산해설사	006 농장서비스코디네이터
	007 농촌관광플래너	008 농촌교육농장플래너	009 농촌레저활동지도사
	010 농촌상품공간스토리텔러	011 농촌체험가이드	012 농촌체험상품기획가
	013 농촌체험휴양마을디렉터	014 농촌커뮤니티가드너	015 다문화코디네이터
	016 도시농업관리사	017 돌봄농장운영자	018 동물교감치유사
	019 문화재돌보미	020 생태관광디렉터	021 수의테크니션
	022 여가생활플래너	023 옥상정원디자이너	024 자연치유사
	025 자연환경안내원	026 전통공예전문가	027 지역사회교육코디네이터
	028 지역사회예술기획자	029 지역음식관광코디네이터	030 지역의료생협플래너
	031 진로체험코디네이터	032 치유농업사	033 텃밭농장디자이너
	034 팜웨딩플래너	035 팜파티플래너	
	II. 첨단기술로 농업을 발전시키는 신규직업 : 19개		
기술·과학 분야 (19)	036 3D프린팅전문가	037 농업드론조종사	038 농업로봇개발자
	039 디지털헤리티지전문가	040 미디어콘텐츠창작자	041 바이오데이터분석가
	042 바이오플라스틱디자이너	043 스마트농업전문가	044 스마트팜기술자
	045 스마트팜운영자	046 스마트헬스케어서비스기획자	047 에너지절감시설관리사
	048 유전체분석가	049 의약품신소재개발자	050 이력관리시스템개발자
	051 정밀농업기술자	052 창작에이전트	053 초음파진단관리사
	054 친환경농자재전문가		
	III. 농촌경제를 이끄는 신규직업 : 13개		
경제·산업 분야 (13)	055 농가레스토랑운영자	056 농가카페매니저	057 농산물물류엔지니어
	058 농산물유통분석가	059 농업·농촌경영컨설턴트	060 농촌비즈니스코디네이터
	061 농촌융복합산업전문가	062 도시농자재판매업자	063 로컬푸드직매장매니저
	064 마을기업운영자	065 사회적경제활동가	066 팜핑디렉터
	067 협동조합플래너		

구분	직업종류(100개)		
	IV. 농촌환경과 안전을 책임지는 신규직업 : 27개		
생태·환경 분야 (27)	068 그린마케터	069 그린장례지도사	070 기후변화전문가
	071 농산물꾸러미식단플래너	072 농산물품질관리사	073 농작업안전관리사
	074 로컬푸드재배업자	075 리사이클링코디네이터	076 마을재난관리사
	077 반려동물식품코디네이터	078 생태건축전문가	079 식생활교육전문가
	080 안전먹거리지킴이	081 약용식물관리사	082 영양서비스컨설턴트
	083 요리사농부	084 유기농업전문가	085 재생에너지전문가
	086 재활승마치료사	087 전통가옥기술자	088 전통식품개발전문가
	089 종자품질관리사	090 친환경포장디자이너	091 퍼머컬쳐디자이너
	092 푸드큐레이터	093 한식전문가	094 환경복원기술자
	V. 우리농업을 세계로 알리는 신규직업 : 6개		
정치·정책 분야 (6)	095 공정무역전문가	096 국제개발협력전문가	097 농산물해외시장개척마케터
	098 농식품수출유통가	099 농촌문화교류코디네이터	100 해외농업전문가

출처 : 농촌진흥청

"위 직업 종류 중, 나와 관련 있는 것은 무엇인가?"

"내가 해보고 싶고, 도전해 보고 싶은 분야는 무엇인가?"

위 직업 중에서 나와 연관된 분야 세 가지 적어보기.

✏️ **적어보기**

1. _____

2. _____

3. _____

다양한 지능을 가진 스마트팜 농업경영인

농업은 창업의 끝판왕이라고 한다.

농업을 하기 위해서는 다양한 지능이 필요하다. 내가 만나본 성공한 농업인들은 다 다중지능이 높으셨다. 여기서 말하는 다중지능은 단순히 IQ, EQ가 아닌, 하워드 가드너 교수가 제시한 다중지능을 말하는 것이다.

다중지능은 IQ, EQ 같이 단순한 지적 능력이 아닌 여러 가지 다양한 지능으로 구성되어 상호 협력하고 있다고 보는 이론이다. 이 이론은 인간이 가지고 있는 다양한 능력을 제대로 평가하고 계발하고자 하는 노력에서 시작되었다.

① 언어 지능
② 논리-수학 지능
③ 음악 지능
④ 신체-운동 지능
⑤ 공간 지능
⑥ 대인관계 지능 인간친화 지능
⑦ 자기성찰 지능
⑧ 자연친화 지능

성공한 농업인들은 다양한 능력들 가지고 있다. 다중지능 이론의 관점으로 살펴보는 능력 있는 농업경영인이 갖추어야 할 지능은 다음과 같다.

📢 능력있는 농업경영인이 갖추어야 할 지능

- **언어 지능**
  농업인은 자신의 농작물이나 가축에 대한 정보를 효과적으로 전달하고, 다른 농업인이나 고객과 의사소통하는 능력이 필요하다.

- **논리-수학지능**
  농업인은 생육환경, 비료 사용량, 수확 시기 등을 계획하고 예측하는 능력이 필요하다.

- **공간 지능**
  농업인은 농지의 공간 구조를 이해하고, 농작물이나 가축의 배치를 계획하는 능력이 필요하다.

- **자기-인지 지능**
  농업인은 자신의 강점과 약점을 이해하고, 개선 방안을 찾는 능력이 필요하다.

- **대인 지능**
  농업인은 다른 농업인이나 고객과의 관계를 관리하고, 협력하는 능력이 필요하다.

- **자연 지능**
  농업인은 자연환경을 이해하고, 농작물이나 가축의 생육에 적용하는 능력이 필요하다.

- **체감-운동 지능**
  농업인은 농작업을 수행하는 능력이 필요하다.

- **음악-리듬 지능**
  이 지능은 농업에 직접적으로 적용되지는 않지만, 농업인이 일상에서 휴식을 취하거나 스트레스를 해소하는 데 도움이 될 수 있다.

농업인들은 작물, 가축사육 등을 지속적인 기간 동안 관리해야 하므로 자연 친화 지능도 발달하였고, 꾸준히 공부하는 농업경영인은 자기성찰 지능 또한 우수하다. 농업경영인이 가지고 있는 재능은 각기 다른데, 어떤 농업인은 목재 가공을 잘해서 공간을 꾸미는 공간지능이 우수하다.

자신만의 다양한 지능이 있다는 사실을 절대 잊지 말자. 인간에게는 누구나 자신만의 뛰어난 지능이 있다.

4 나만의 기업가정신 만들기

농업인으로서의 역량을 발견하자

나만의 기업가정신 요소를 만드는 것은 굉장히 중요하다.

농작물 재배, 축산 사육, 가공, 판매 등을 할 때 많은 어려움을 겪는다. 특히 스마트팜을 자신의 농장에 접목하고자 할 때 엄청난 예산을 투자하기 때문에 더더욱 많은 위험부담이 있다. 그럴 때, 자신만의 기업가 정신 요소들로 헤쳐 나갈 수 있다.

나만의 장점, 앞으로 추구해야 할 것들을 생각해 본다.

"나는 농업 초보! 당장 무엇을 할 수 있는가?"

왜 농업을 하려고 하는지, 그 수많은 분야에서 왜 농업을 선택했는지, 나만의 구체적인 증거 기반을 만들기 위해 그 이유를 계속 생각하고 다듬어야 한다.

"농업을 선택한 이유는 무엇인가?"

나만의 기업가정신 역량 발견하기

스스로에게 아래와 같은 질문을 던지고 깊이 생각해 보자.

"나는 어떤 사람인가?"

"나는 왜 농업을 선택했는가?"

"농업으로 이루고 싶은 일은 무엇인가?"

사업을 성공적으로 이끄는 데 있어 꼭 필요한 기업가정신이 무엇인지 적어보고 자신의 언어로 설명해 보자.

자신만의 농업 기업가정신 역량으로 시장에서 쉽게 거래되지 않고 대체 불가능해야 경쟁성이 있다.

👉 예시

도전정신, 끈기, 성장형 사고방식, 창의성, 대인관계능력, ICT 활용 능력 등

기업가정신 핵심역량	자신의 언어로 설명하기
사랑	농업을 사랑하기 때문에 이 모든 것이 시작되었다.
전문성	농업기초지식에 대한 전문성
GRIT	절대 포기하지 않은 끈기
ICT	4차산업혁명에 연계되는 요소
의사소통능력	많은 사람들과 함께 하려면 좋은 대화를 해야한다.

✏️ 적어보기

기업가정신 핵심역량	자신의 언어로 설명하기

나에 대해서 설명할 수 있는 단어나 장점 또는 칭찬할 만한 요소를 적어보자. 사소한 것도 좋으니, 자신의 강점을 적어보자.

👉 예시

- 나는 정말 잘할 수 있다!
- 매일 노력하면 내가 원하는 것을 이룰 수 있다!

tip 손을 크게 벌려서 자기 스스로에게 "파이팅!"을 외치자. 꼭 소리내 말해 보자. 몸을 움직이고 긍정적인 사고를 하면서 그 에너지가 자신에게 다가오도록 하자.

✏️ 적어보기

1.
2.
3.

자기 자신을 칭찬하고, 격려하고, 스스로에게 힘을 주는 과정들이 농업에서는 굉장히 중요한데, 절대 포기하지 않는 그릿 Grit 을 증진할 수 있기 때문이다.

핵심기술, 역량이 부족하다고 생각한다면, 기르고 싶은 것을 적으면 된다. 적으면 그것이 이루어질 확률이 더 높아진다. 나만의 핵심 기술, 역량을 3가지 써보자. 내가 잘하는 기술, 역량, 구체적으로 생각해 본다.

👉 예시

- 용접하기
- 사람을 상대하는 것
- 말을 하는 능력

✏️ 적어보기

1.
2.
3.

앞으로 해야 할 것

농작물 재배, 가축 사육 등 매년 나만의 기술을 기르자.

왜 매년 연초마다 기술센터에서는 신학기 교육처럼 농업기술을 가르치는 것일까? 이유는 너무나 간단하다. 농작물은 한순간에 잘 기를 수 없기 때문이다. 요리를 공부한다고 했을 때, 실패하면 여러 번 만들어 보면 되겠지만, 농업은 그렇지 않다. 농작물이 자라는 시간까지 생각해야 한다.

30년 경력의 벼 재배 농업인으로 따져 봤을 때, 2모작이 아닌 이상 30년 동안 농작물을 겨우 30번 재배해 본 것이다. 더 재배하고 싶어도 더 할 수가 없다. 농작물 재배 및 가축사육을 시작하고 나면, 그 한해 한해가 소중한 경험치로 쌓이는 것이다.

"이론과 실제는 별개인가?"

절대 그렇지 않다. 이론을 알고 실제로 실행할 수 있다면 더 강력해진다.

이론을 알고 나면 작물 재배, 가축사육에 대한 전체 흐름과 과정을 이해할 수 있고, 최신 기술에 대한 적용 가능성을 높일 수 있다.

매년 농사로https://www.nongsaro.go.kr/에 농업에 관한 연구자료들이 업데이트된다. 수시로 들어가 자료들도 살펴보며 농업에 대한 지식과 이론을 공부하고, 실제적인 농작업을 통해 이론과 실제 과정을 융합하는 노력을 꾸준히 해야 한다.

이론적인 지식과 실제적인 지식들을 그저 듣고 지나가기보다는 나만의 것으로 만들어야 한다. 그러려면 꾸준히 기록하고, 나의 언어로 말해야 한다. 그래야 내것이 된다. 아무리 좋은 교육을 많이 들어도 내가 다른 사람에게 설명하지 않으면 내것이 되지 않는다.

그러니 좋은 교육을 장기간 남기고 싶다면 꼭 다른사람에게 설명을 해보자.

기업가정신 역량을 기르기 위한 노력

위와 같은 기업가정신 역량을 기르기 위해서 앞으로 어떤 노력을 해야 하는가? 그동안 어떤 노력을 해왔는가? 아니면, 앞으로 어떤 노력을 하고 싶은가?

자신이 해야 할 것들을 기록해 두면, 그것은 앞으로 농업 분야에서 해야 할 학습을 위한 기준이 된다. 배워야 할 것들도 많고, 해야 할 것들이 정말 많은데, 기준도 없이 무턱대고, 닥치는 대로 한다면 귀한 시간을 낭비할 수밖에 없다.

체계적으로 적어보고 적은 것들을 공유해 보자. 그렇게 하면 자신의 노력에 대한 확장성을 풍부하게 가질 수 있다.

기업가로서의 역량을 갖추기 위해 할 수 있는 것들을 적어보자.

목표 달성을 위해 더욱 성장하고 싶은 것들을 구체적으로 적다 보면 목표가 뚜렷해진다.

예시

노력 분야	세부적인 노력 과정들
자격증 취득	하루에 1시간 공부하기, 기출문제 많이 풀기, 오답 노트 작성
기록 노트 작성하기	농장 기록 엑셀로 정리하기
독서하기	독서하고 블로그에 후기 남기기, 독서노트 작성하기
창업 관련 교육 듣기	사업계획서 교육, 컨설팅받기
건강 챙기기	일주일에 3회 헬스장 가기, 물 하루에 2L 마시기

적어보기

노력 분야	세부적인 노력 과정들

앞으로의 계획을 세워보자. 시간이 얼마나 걸릴지는 모르지만, 직접 손으로 적으면서 그것에 대해 끊임없는 애정과 관심을 두고 있다면 생각지 않은 기회들이 다가올 수 있다.

☞ 예시

연도	활동 계획, 목표
2025년	운전면허 취득, 전국 스마트팜 농장 한군데 방문, 상표권등록 신청
2026년	해외 스마트팜 농장 두군데 방문
2027년	후계농업경영인 선정, 중소벤처기업 사업 선정
2028년	영농조합법인 구축
2029년	TIPS 선정

✏️ 적어보기

연도	활동 계획, 목표

계획은 말 그대로 계획에 지나지 않지만, 그 계획을 직접 손으로 쓰고 입으로 내뱉는 것은 마음가짐을 지속하는 데 큰 효과가 있다.

무조건, 하고 싶은 것들을 적어보자!

읽으면서 또 한 번 의지를 다지자. 몇 년 뒤 지금 적은 내용을 다시 읽어보면, 분명히 몇 가지는 이루어낸 것이 있을 것이다.

농업 경영인으로서의 인생 여정 지도

농업을 선택하기 전, 자신이 어떤 인생을 살아왔는지 한 번쯤 돌아보는 시간을 가져보자.

인생 여정 지도는 자신이 과거에 무엇을 경험하며 살아왔는지를 되짚어 보고, 자신이 살아온 역사와 인생의 흐름을 적어 보면서 잘 되었던 점, 부족했던 점들을 점검해 보는 것이다. 그 과정에서 당시에 느꼈던 감정과 어려웠던 경험들이 떠오르면 때로는 뼈아픈 고통을 마주하게 되기도 하지만, 잘못된 것들을 다시 반복하지 않는 효과를 얻을 수 있다.

창업에 대해 완벽한 준비를 하고, 누구보다 체계적인 계획이 있다고 해도 한 번쯤은 자신이 지나온 삶을 정리하면서 스스로가 어떤 삶을 추구해 왔는지, 무엇을 잘했고 못 했는지를 적고 객관적으로 들여다보면 앞으로 나아갈 길이 보다 선명해지는 경험을 할 수 있을 것이다.

개인이 가지고 있는 재능과 기술이 농업 분야에서 어떻게 확장될지 아무도 모른다. 예를 들어, 농업을 하기 전 전기 관련 업종에 종사했다면 그 능력을 스마트팜 컨설턴트로 확장할 수 있고, 사람과 사람 사이를 연결하는 능력이 탁월하다면 그 능력을 치유농업이나 커뮤니티 리더와 같이 사람들과 함께 활동하는 일에 소질을 나타낼 수 있다.

나만의 인생 여정 지도를 만들어 보자.

앞으로의 성공적인 농업 경영을 위해 자신에 대해 더욱 면밀하게 이해하는 것이 필요하다. 기억에 남은 경험과 과정을 떠올려 보고 그 당시에 느낀 감정을 상·중·하로 표시한다. 그리고 그 감정을 느낀 이유와 어려웠던 점 등을 적는다.

 인생 여정 지도 작성 양식 바로가기

이 여정지도는 고객이 내 농장의 물건을 구매할 때의 흐름도를 평가할 때도 도움이 된다. 차분히 나의 인생을 되돌아 보고 기억에 남는 흐름을 적는 것은 사업을 할 때 매우 도움이 된다. 과거의 내가 현재의 나를 만들고, 미래의 내가 기운을 내도록 해주는 바탕이 된다.

예시

OOO 인생 여정 지도 (Journey Map)

User Action 어떤 과정을 **경험**하고 있나요?		결혼	이사	주변 관계	지원 사업 선정	농업 모임 가입	트랙터 토양에 빠짐	토지 임대	동네 친구 생김	몸이 아픔
Emotion **기분/느낌**은 어땠나요?	☺	O		O	O				O	
	😐		O			O		O		
	☹						O			O
Reason 그런 감정을 느끼는 **이유**는 무엇인가요?		행복, 기대됨	번거 로움			새로움	절망			괴로움
PainPoint **어려운 점**은 무엇인가요?			정리 정돈							건강 관리

적어보기

OOO 인생 여정 지도 (Journey Map)

User Action 어떤 과정을 **경험**하고 있나요?										
Emotion **기분/느낌**은 어땠나요?	☺									
	😐									
	☹									
Reason 그런 감정을 느끼는 **이유**는 무엇인가요?										
PainPoint **어려운 점**은 무엇인가요?										

2 스마트팜 기업가정신

5 현재의 농업환경 체크리스트

성공적인 농업 경영인이 될 준비

창업 계획을 위한 현재 상태를 점검하기 위해 내 주변의 환경과 인적·물리적 자원을 정량적, 정석적으로 적어보자.

현재 많은 것이 준비되어 있지 않다고 해도 걱정하지 말자.

앞으로 채워 나가면 된다.

당신이 할 수 있다고 말하면 할 수 있다. 그러니 가끔씩은 강제적으로 "나는 할 수 있다!" 라고 외치는 마인드셋 요법도 필요하다.

앞으로 채워나가게 될 것들도 적어 보자.

자신이 꿈꾸어 오던 농장의 모습을 생각하며 바라는 바를 적어 보는 것도 미래 계획을 위해서 좋다.

 예시

정보 리스트	세부 내용
지인 및 농업 관계자	농업직 공무원, 창업 담당자
네이버 카페, 다음카페, 페북 소식망	인적 네트워크 구축하기
카카오톡 오픈채팅방	농업 자격증, 귀농귀촌 방
개인 블로그 정보, 농업 유튜브 정보	농작물 재배 정보
국가농업 정보 홈페이지	농업 정보, 창업 정보 확인하기

📝 적어보기

정보 리스트	세부 내용

습득한 정보는 자신만의 포트폴리오에 꼭 적어두자.

그냥 듣고 이해한 것은 자신만의 것이 되지 않는다. 꼭 자신의 언어로 다시금 내용을 적어야 내 것이 된다. 특히 종이에 적는 것보다는 컴퓨터로 기록해야 나중에 찾기가 쉽다. 단축키 Ctrl+F로 검색하면 찾기 버튼이 나오기 때문에 쉽게 검색해서 찾을 수가 있다.

엑셀Excel에 적는 것을 매우 추천한다.

데이터를 관리하기 위해서는 사소한 것이라도 적어 둘 필요가 있다.

다양한 농업 정보 사이트를 이용하여 농업에 대한 수많은 정보를 획득할 수 있다. 집에서 편하게 온라인 사이트에 접속하여 각각의 기관에서 하는 활동들을 알아볼 수 있다.

▎농업 관련 정보 사이트 ▎

사이트명	기관설명	주소	확인
농사로	농업 관련 포털사이트	www.nongsaro.go.kr	☐
그린대로	귀농귀촌통합플랫폼	www.greendaero.go.kr	☐
농약안전정보시스템	농약정보	https://psis.rda.go.kr/	☐
병해충종합관리시스템	병해충 정보	https://ncpms.rda.go.kr/	☐
국립종자원	종자 정보	https://www.seed.go.kr/	☐
농림축산식품부	농업정보 요소	www.mafra.go.kr	☐

사이트명	기관설명	주소	확인
국제종자생명 교육센터	종자 실제 교육	https://hrd.seed.go.kr/	☐
농어촌공사	농지은행, 경영 회생 신청	www.ekr.or.kr	☐
스마트팜코리아	스마트팜 정보	www.smartfarmkorea.net	☐
농림수산R&D 통합정보서비스(Fris)	농업지원	www.fris.go.kr	☐
국가식품클러스터	창업지원 Lab 신청	www.foodpolis.kr	☐
농림사업정보시스템 (Agrix)	사업 시행지침, 직불제 정보, 청년영농정착지원사업 신청	https://uni.agrix.go.kr/	☐
농림수산업자 신용보증기금	대출	http://nongshinbo.nonghyup.com/	☐
농업on	농식품지식정보서비스	https://www.agrion.kr/index.jsp	☐
농업인력포털 (AgriEdu)	농업관련 교육 사업 안내 및 교육 신청	www.agriedu.net	☐
농서남북	농업 관련 책사이트	https://lib.rda.go.kr/	☐

"주로 자주 방문하는 홈페이지는 무엇인가?"

"어떻게 많은 자료를 정리하는가?"

위 사이트 방문 사항에 대해서 적어보자.

✏️ 적어보기

1.

2.

3.

농업 창업을 위한 단계

창업에는 어느 정도 단계가 필요하다.

이 단계들을 순서대로 할 필요는 없다. 다만 이런 요소들이 일반창업에도 필요하기 때문에 농업에도 적용할 필요가 있다.

기업가정신역량	대분류	중분류	하위 요소
자기 관리능력	창업역량 진단	창업가정신 핵심역량 진단	자신을 위한 질문(내가 가진 요소 점검)
			진로 탐색 역량 진단
적극성	인터뷰	농업인 기업가·농업 분야 담당자 인터뷰하기	농업인, 기업가, 발명가 인터뷰
			농업인 기업가, 발명가 탐구 계획서
창의성	브랜드 이름	농업 브랜드, 발명품 이름 제작	자신만의 브랜드, 발명품 이름 제작
문서 관리능력	브랜드 계획	농업 계획서 작성	브랜딩 기초 계획서 작성
			비즈니스캔버스 작성
			사업계획서 작성
			발명품 계획서 작성
발표력	발표	농업 발표대회 참가	브랜딩 계획서 발표
			발명 계획서 발표
			아이디어 계획 발표
			창업대회 참가 발표
ICT 활용 능력	온라인 창업준비	블로그, SNS 탐색, Excel, PPT, 클라우드	농장의 블로그, SNS 활동, 홈페이지 구축, 네이버 스마트스토어
정보처리능력	온라인 창업탐색	온라인 농업 창업 사이트 탐구	특허청 사이트 http://www.kipris.or.kr/
			중소기업청 사이트 탐구 창업 이음 https://oms.k-startup.go.kr/
			K-Start up https://www.k-startup.go.kr/
실제적 경험	작물재배·판매	작물 재배, 물품 판매 경험	지역, 지역 외 재배, 사육 물품 판매
			온라인 물품 판매
탐구성	방문	교육 기관 방문	창업 교육관 방문
			발명교육센터
			귀농귀촌센터
			창업 보육센터
현실성	창업	사업자등록증, 상표권 등록, 특허	농업경영체 등록, 사업자등록, 법인등록
			상표권등록
			특허등록, 지식재산센터

내부환경 분석방법

창업에서는 분석할 수 있는 다양한 틀이 존재하다.

3C, STP, 4P, SWOT, 7S 등 너무 기본적으로 파악할 수 있는 요소들이다. 이를 내 농장, 내 농업 창업에 적용해 보자.

농업경영을 하기 위해서는 다양한 것을 분석하는 것이 중요하다.

만약 아직 농장이 없어도 가상으로 내 고객과 상황을 분석할 수 있다.

공유된 한글파일을 다운받아 나의 농장과 현 상황을 분석해 보자.

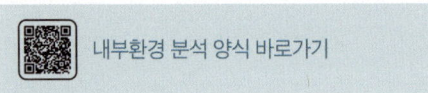
내부환경 분석 양식 바로가기

1. 분석

구분	예시 문장
Customer 고객	유치원생, 초등학생, 30~40대 아줌마
Company 자사	친환경 농업 유통기관
Competitor 경쟁사	OO지역의 사과 농장(친환경 유기농업체)

2. STP 분석

구분	예시 문장
Sgmentation 시장세분화	과일, 체험농장
Targeting 타겟팅	도시민
Positioning 포지셔닝	유기농을 좋아하는 체험농장

3. 4P 전략

구분	예시 문장
Product 상품	사과수확체험, 비누 만들기
Price 가격	수확체험 5000원, 만들기 체험 2000원
Place 유통	택배상품(사과), 직거래판매, 장터 참여
Promotion 홍보	블로그, 페이스북, 인스타그램

4. SWOT 분석

| 구분 | 예시 문장 | |
	Strength 역량	Weakness 약점
기회 Opportunity	OO지역의 유일한 유기농 체험농장	입구가 좋지 못함
위기 Threat	유기농 사과 체험농장	겨울철 상품 개발이 어려움

5. 7S 모델분석

구분	예시 문장
Shared Value 공유가치	친환경 유기농업체
Strategy 경영전략	치유 농장을 이야기하다.
Structure 조직구조	가족경영, 바쁜 시기에는 주변 일용직
System 운영체제	계절별 나눔 가족
Staff 구성원	5명의 가족
Style 조직 풍토	가족과 함께 운영함
Skill 조직 능력	대표(25년째 농장운영), 부인(아들(농업법인)), 아들(농업대학 졸업)

최근엔 위와 같은 분석을 생성형 AI와 같은 Chat GPT, Claude를 사용하면 프롬프트를 쉽게 확인할 수 있다.

여러분의 이야기를 적고, 생성형 AI를 이용하여 쉽게 작성해 보자.

우리 지역 분석하기

우리 지역의 매력은 무엇인가?

농업은 지역의 매력도와 기반한 자연환경에 적합한 사항이기 때문에 자기가 살고 있는 지역에 대한 분석이 필요하다. 각 홈페이지, 지인 등의 정보를 취합하여 적어보자.

 우리지역 분석 양식 바로가기

시장 환경 분석		우리 지역 외부환경 분석하기	이름:
지역명		○○시(군) ○○면(읍)	
분류	분석	현재 상황	
	기본현황	• 인구 및 세대수 : 52,944명(27,779세대) • 행정구역 : 1읍, 17면 • 인근지역 : ○○시, ○○군 • 지도 : 구글 지도 네이버 지도 첨부 • 면적 : 전체면적은 1,174.9㎢로서 남한 전 국토 면적의 1.2%이며, 경상북도 면적의 6.2% • 임야 830.5㎢(70.7%), 전답 214㎢(18.2%), 하천 32.3㎢(2.8%)의 순이다.	
	자연환경	• 기온 : 최근 25년간의 평균기온이 11℃ • 강수량 : 연평균 강수 일은 92일, 전국 평균 1,200 ~ 1,300mm에 비하여 부족함.	
P	정치적 환경	인구 증가 정책, 저출생 극복, 귀농·귀촌 지원	
E	경제적 환경	산업 - 제조, 업체 현황 - 경제, 농특산물 - 쌀, 사과, 양파, 복숭아	
S	사회 문화 관광	• 문화유적지 : 국보 1, 보물 7, 천연기념물, 7가지 • 문화재 - ○○향교, 축제 - ○○ 축제(5월 4일)	
T	기술적 환경	• 기관현황 : 제조업체 및 농공단지가 10개 있음 • 단체현황 : ○○농업인 단체	
	음식	갈치조림, 삼겹살, 삼계탕, 갈비탕	
	기관명	산림조합, 축산협동조합, 전력 공사	
	최근 이슈	최근 스마트팜 농업기술의 지역 특구로 지정됨	
	출처	○○시청, ○○기술센터	

수요 예측하기

어떤 농산물을 재배할지, 그 농산물을 선택한 분명한 이유가 있어야 한다. 소비자가 선택하지 않는 농산물은 농업 창업자에게도 무의미하기 때문이다. 창업자 스스로 자신이 재배할 농산물이 의미 있는 품목인지 다각도로 알아보는 것이 중요하다.

| 수요예측의 정보 관련 사이트 |

- 데이터랩: https://datalab.naver.com/
- 소상공인 상공 정보: https://sg.sbiz.or.kr/godo/index.sg
- 키프리스: http://www.kipris.or.kr/

이외에도 다양한 정보를 찾아서 체계적으로 기록하고 관리하는 것은 매우 중요한 일이다. 수기로 작성하는 것도 좋지만 필요한 정보를 쉽게 찾고 수정할 수 있도록 한글 문서, 엑셀 등의 컴퓨터 프로그램을 활용하는 것이 좋다. 또한 언제 어디서든 필요할 때마다 꺼내어 사용할 수 있도록 클라우드와 같은 온라인 저장 공산을 활용하는 것이 좋다. 기본적인 컴퓨터 활용능력은 어떤 분야에서든 필수적인 요소이므로 배워두면 편리할 것이다. 요즘은 학원에 가지 않아도 유튜브라는 훌륭한 플랫폼이 있기 때문에 마음만 먹으면 얼마든지 쉽게 배울 수 있다.

6 성공 농장 분석 방법

성공한 농업인에게서 배우기

내가 앞으로, 모범적으로 따라가야 할 농장은 어디인가?

농업에 종사하면서 자신이 목표하고자 하는 멘토 농업 선배님들은 농업경영에서 매우 필요하다.

성공한 농장에 대해서 면밀하게 조사하고, 세부적으로 분석해 보자. 많은 것들을 내 농장에 적용하기보다는 내 자신에게 맞고 내 농장에 적용이 가능한 것들을 도출하는 것이 중요하다.

농업 활동과 관련하여 경쟁상품의 특성을 분석하고, 경쟁상품과의 차별성과 경쟁력을 도출할 수 있다.

농업 경영자 인터뷰하기

- 농업경영상품의 프로그램에 대한 경쟁력 있는 2곳을 비교 분석할 수 있다.
- 동일한 제품 범주 내에서 경쟁하고 있는 어떤 것들이 있는지 조사할 수 있다.
- 인터뷰의 목적 및 인터뷰 내용을 사전에 설명한다.
- 인터뷰자는 사전에 질문 내용을 정리하여 연습하여 본다.
- 다정하고, 예의 바른 어투로 질문한다.
- 인터뷰 시 응답자의 말을 메모하고, 경청하는 태도를 기른다.

인터뷰 항목

아래 표를 참고하여 인터뷰 질문 사항을 미리 작성해 보자.
인터뷰 항목 외에도 자신이 질문하고 싶은 사항을 추가해 보자.

 인터뷰 기록 양식 바로가기

분석 분류	농장 A (전화번호)	농장 B (전화번호)
농장 개요	성명, 지역, 분야(작목), 동기	
풍부성	농작물 주요 프로그램 종류, 스토리, 특색, 차별성	
마케팅	홍보, 인원 모집 방법, 고객관리 방법	
프로그램별 금액	1회당 금액, 시간당 금액	
체험 시간	체험별 시간	
1회 체험객 인원	1회당 체험객 최대 인원	
체험 인솔자	인력 상황, 체험객 통제력, 체험 운영자의 능숙도, 체험자 보유 자격증	
환경요소	예약 방법, 안전성, 예약 장소의 특이성	
기타 사항	사업 추진 시 애로사항, 요구사항	

인터뷰하기 전에 한 번쯤 생각해 볼 내용

- 어떻게 인터뷰해야 하는가?
- 인터뷰 시 주의 사항들은 무엇이 있는가?
- 어떤 인터뷰가 좋은 인터뷰인가?
- 인터뷰를 잘하기 위해서는 어떤 단어, 문장들이 필요한가?
- 내가 궁금한 사항이 인터뷰 당사자에게 민감한 질문이 아닐까?

인터뷰 질문 미리 써보기

 예시

긍정적	포괄적	정보	기타	질문 사항
O				어떻게 농장을 하게 되셨나요?
O				농장을 하면서 가장 좋았을 때는 언제였나요?
		O		농장 홍보는 어떻게 하시나요?

사전에 나만의 질문리스트를 작성해 보자.

인터뷰를 통해 사람, 그 주변의 인프라, 운 등을 파악할 수 있다. 인터뷰를 하고 나면 나만의 언어로 꼭 다시 기록해야 한다.

질문사항 5개 기록하기

✏️ 적어보기

1.
2.
3.
4.
5.

인터뷰 후, 기록하기

인터뷰 후 기록을 해야한다. 그렇지 않으면 그 농업경영인을 만나고 나서의 느낌과 분위기만 남고 다 잊어버리게 된다. 그러니 기록해야 한다.

👉 예시

분석 분류	농장 A (010-0000-0000)	농장 B (010-0000-0000)
농장 개요	• 설명 : 박○○(53) • 지역 : 충북 충주시 • 분야 : 과수(사과) • 동기 : 퇴직 후 경기도 의왕시 소재 천연염색 체험학습장에서 봉사하면서 배우기 시작. 2023년 충주에서 중부 천연염색 체험학습장으로 사업 시작.	• 설명 : 강○○(42). • 지역 : 경북 안동시 • 분양 : 과수(사과). • 동기 : 영농후계자 2024년 농업고 졸업하고 한국농수산대학 진학 후에 다양한 농업경험을 쌓음. 동네주민과 함께 농촌체험학습장으로 사업 시작.
프로그램 풍부성	• 프로그램 : 천연염색체험, 사과따기, 밤줍기, 쑥개떡 빚기, 사과통구이정식, 사과떡케익 만들기(음식체험7종) 등과 지역 공예농가와 연계하여 프로그램운영	• 프로그램 : 사과파이 만들기 사과파이를 만들어서 직접 가져갈 수도 있고, 인터넷 주문도 가능함 캠프파이어, 팜파티 가능함
마케팅	학교, 유치원, 복지센터 등의 단체에 인쇄물 발송. 05년도 농가 홈페이지가 만들어지면서 현재까지 중심이 됨 주변 광고매체와 매스컴을 철저히 이용	SNS 마케팅(인스타그램 마케팅) 블로그로 자신의 강점 파악 농업고등학교에 자료 안내
프로그램별 금액	사과 수확 (10,000원) 밤 줍기(수확 금액별로 다름)	사과파이(10,000원), 사과 체험(수확 금액별로 다름) 팜파티(1인당 25,000원~30,000원)
체험시간	사과수확 : 1시간	사과파이 : 2시간, 팜파티 : 1일
1회 체험객 인원	최대 50명	최대 30명
체험인솔자	대표, 부인, 아들	대표, 부인, 동네 주민
환경요소	교육 프로그램 포함 인터넷 예약, 전화 예약, SNS 예약 가능	전화로 예약, SNS 예약 가능
기타 사항	식사 가능	식사 가능, 캠핑 가능

관심 농장 분석방법

1. 온라인 매체에 있는 관심있는 농업회사 홍보 방법 검색하기

- 기존 농업회사는 어떤 과정으로 홍보를 했는가?

  다양한 SNS 서비스를 활용하여 매력적인 홍보 광고를 검색해 보자.

- 어떤 사례들에 관심이 가는가?

  평소 즐겨 찾는 농장에 대한 세부적인 내용을 작성해 보자.

 예시

농장명	이 농장에 관심 있는 이유는?
연의 하루	6차 산업이 체험농장을 하는 것이 매력적으로 보인다.
우공의 딸기 정원	인력들을 효율화하고 스마트팜을 운영하는 것이 대단해 보인다.
자연들녘	유기농 배 농장, 체험 농장, 농장 대표님이 멋있으시다.

✏️ 적어보기

농장명	이 농장에 관심 있는 이유는?

성공하는 농업 경영인

성공하는 스마트팜 농업경영인의 10가지 특징을 알아보자.
자신이 생각하는 성공하는 농업인의 특징을 적어보자.
농업은 쉽지 않다. 하지만 그 어려움 속에서도 성공하는 농업인이 있다.

자부심	• 농업에 대한 자부심, 책임감이 있으며, 미래에 성공적인 기회가 올 것이라는 태도를 가진다.
경쟁력	• 성공하는 농업인은 자신의 농업을 다른 농업과 구분 짓고, 우위를 점할 수 있는 경쟁력을 갖춘다. • 농업은 과잉 공급과 저가 경쟁이 심한 분야이기도 하므로, 차별화하고, 특화하는 전략이 필요하다.
사회성	• 성공하는 농업인은 자신의 농업을 사회와 연결하고, 공유한다. • 농업은 소비자와의 관계가 중요한 분야이기도 하므로, 홍보하고, 교육하는 활동이 필요하다.
협력성	• 성공하는 농업인은 혼자서 모든 것을 해내려고 하지 않고, 다른 농업인이나 관련 기관과 협력한다. • 농업은 다양한 이해관계자와의 상호작용이기도 하므로, 소통하고, 협력하는 능력이 필요하다.
성장형 사고방식	• 성공하는 농업인은 자신의 농업을 계속해서 발전시키기 위해 배움을 멈추지 않는다. • 농업은 끊임없이 새로운 정보와 기술이 나오는 분야이기도 하므로, 학습하고, 개선하는 태도가 필요하다.
도전정신	• 성공하는 농업인은 어려움과 위험을 회피하지 않고, 도전한다. • 농업은 노력과 투자에 비해 보상이 불확실한 분야이기도 하므로, 두려움을 극복하고, 도전하는 정신이 필요하다.
창의성	• 성공하는 농업인은 기존의 방식에 얽매이지 않고, 새로운 아이디어와 방법을 시도한다. • 농업은 예측하기 어려운 자연과의 상호작용이기도 하므로, 유연하고 창의적인 사고가 필요하다.
지속성	• 성공하는 농업인은 장기적이고, 체계적인 계획을 세우고, 실행한다. • 농업은 시간과 자원이 한정된 분야이기도 하므로, 효율적이고, 합리적인 계획이 필요하다.

농산물 재배를 하는데 노하우가 쌓이려면 많은 시간과 노력이 든다.

30년 경력의 농부라 해도 1년에 한 번씩 작물을 재배했다면, 작물 재배를 30번 했다는 이야기인데, 이렇듯 작물을 재배하는 노하우를 쌓는 것은 결코 쉬운 일이 아니다. 또한 봄에는 가뭄, 여름철에는 연속적으로 내리는 비, 최근 기후 변화 등의 자연 요건 때문에 농산물 재배는 점점 더 어려워지고 있다.

이러한 어려운 여건 속에서도 성공적인 농업 경영인은 계속 생겨나고 있음을 잊지 말자.

"어떤 농업인이 성공한 농업인이라고 생각하는가?"
"자신이 생각하는 성공의 기준은 무엇인가?"

스스로에게 질문해 보고 적으면서 답을 찾아보자.

✏️ 적어보기

1.
2.
3.
4.
5.

만다란트 성공적인 농업경영 파악하기

스마트팜, 농업경영, 6차 산업 등 메인 요소를 가운데 두고 9가지를 파생시켜 보자.

전체 상황을 구조화하면 한눈에 사업에서 이슈가 되는 것들이 눈에 들어온다.

스마트팜을 운영하며 성공적인 농업 경영인으로 성장하기 위해 양식을 다운받아서 나만의 만다란트를 작성해 보자.

다 작성한 만다란트를 출력하여 잘 보이는 곳에 두고 계속 확인하고 매년 점검하고 수정해야 한다.

이 내용은 연암대학교 채상헌 교수님께 직접 배운 내용으로, 인생에 대한 큰 틀과 농업에 대한 기본적인 마인드 셋을 체계화시킬 때도 매우 도움이 된다.

7 농장 브랜드화 초기 다지기

이미 성공한 농장을 벤치마킹하기

농장의 브랜드화는 한순간에 되는 것이 아니다.

아직 농장이 구체화되지 않았다 해도, 미리 생각해 보고 계획하는 것은 장기적인 농업경영 관점에서 매우 중요하다.

'브랜드가 왜 중요해?'라고 생각하는가?

최근 들어 온라인 직거래가 점점 늘어나고 있고, 농장주의 경영마인드에 따라 농작물에 대한 선호도도 달라지고 있다. 그렇기 때문에 우리 농장만의 차별성을 갖기 위해 브랜드를 구축하는 것은 선택이 아닌 필수라고 할 수 있다.

"농장 브랜드에 대해서 어떻게 생각하는가?"

✏️ **적어보기**

1. ....
2. ....
3. ....

나만의 스마트팜 회사 로고 디자인하기

아이디어 앱 또는 사이트를 이용하여 다양한 아이디어 방법을 찾아볼 수 있다.

이미지를 통해서 내가 생각하는 방안을 구체화할 수 있다.
자신이 바라는 모습의 농장이 가진 테마를 생각해도 좋다.

"내 농장, 농업회사와 연관된 색깔은 무엇일까?"
"내 농장을 의미하는 용어는 무엇이 있을까?"
"내가 살고 있는 지역의 매력은 무엇인가?"

1. 활동 순서

2. 다양한 아이디어 찾기 브랜드 개발 아이디어 정리표

예시

단어	청년	토마토	청춘	내가 사는 지역	우리 가족의 특징
관련 이미지					

적어보기

단어					
관련 이미지					

3. AI를 활용한 자동화 브랜드 로고 완성

최근에는 생성형 AI를 통해서 이미지, 로고 등을 자동으로 만들어주는 사이트들이 많다.

- 빙 이미지 크리에이터

    https://www.bing.com/images/create?

    빙 이미지 크리에이터 바로가기

- 로고 앤 디자인 닷컴

    https://www.design.com/

    로고 앤 디자인 닷컴 바로가기

다양한 디자인을 적용해서 여러 번, 자유롭게 로고를 만들어 보고 검토하여 자신이 원하는 방향으로 만들 수 있다.

4. 명함 만들기

농장을 운영한다고 해서 명함 디자인에 소홀하지 말자. 농업경영인이 만나는 사람들 대부분은 농업에 종사하지 않는 일반 소비자들이다.

그들에게 각인될 만한 여러 요소를 창출할 수 있어야 한다.

명함을 예쁘게 만들 방법은 많다.

직접 만든다면 OH Print me 등의 디자인 플랫폼을 이용하여 스마트폰으로도 쉽게 만들 수 있다. 직접 만드는 것이 어렵다면 농식품 전문 디자인 업체인 디팜defam을 추천한다.

명함은 소비자로 하여금 자신이 만든 농장의 매력을 어필할 수 있는 가치가 있다. 직접 구상하여 만들어 보는 기회를 가져보자. 또한 디자인 전문가에게 의뢰하면 차원이 다른 아이디어로 퀄리티 높은 결과물을 얻기도 하니 합리적인 선택이 될 수 있다.

링크드인Linkedin, 리멤버는 명함을 주고받을 수 있는 플랫폼이다. 가입해서 자신의 비즈니스 상대인 농업 외 사람들과 공유할 기회를 가지는 것도 좋은 경험이 될 수 있다.

| 실행 요소 |

실행 요소	확인하기	생각 적기
명함 만들기	☐	
링크드인 가입하기	☐	
리멤버 가입하기	☐	

5. 나만의 스마트팜 회사 브랜드를 개발할 수 있다.

개발 계획서를 작성하면서 전체 우리 농장의 설명서를 작성해볼 수 있다. 이 계획서는 매년 바뀔 수 있고, 추가적으로 내용을 기재할 수 있다.

👉 예시 1

농업 브랜드 개발 계획	
구분	설명
농장명(네이밍)	농장을 상징하는 특별한 이름, 의미 있는 이름
인원 및 역할	인원 및 역할에 대한 구분
로고 디자인	농장의 비전, 목적, 목표를 알 수 있는 로고를 제작해야 한다.
사업 비전	꿈을 말, 글로 표현한 것, 거시적 성취 목표
사업 목적	개념을 수치화하는 것, 구체적 성취 목표
목표	달성하고자 하는 실적, 가시적이며 측정 가능, 성과, 실적 Smart한 목표 설정(구체적, 측정가능한, 달성가능한, 관련 가능성, 마감 시한)
슬로건	한문장으로 만들기, 외칠 수 있는 부분
원칙	규칙, 보통 3가지
기획개요	회사 설명, 작물, 기초적인 운영 방안

농업 브랜드 개발 기획안	
구분	설명
농장명(네이밍)	청춘 샛별 농장
로고 디자인	청춘 샛별 농장
사업 비전	능력 있는 농업인의 역량 키우기
사업목적	전 세계 농업인의 능력을 키우자
슬로건	성장하는 농업 경영인
원칙	공부하는 농업인
기획개요	농업경영능력을 키우기 위한 체험가능 • 실제 영농경영에 필요한 요소를 체험할 수 있음 • 대상 : 농업경영인을 꿈꾸는 청년 농업인, 농업경영에 어려움을 겪고 있는 농업인

👉 예시 2

농업 브랜드 개발 기획안	
구분	설명
농장명(네이밍)	과일체험연구소
로고 디자인	과일 체험 연구소
사업 비전	건강을 위한 과일
사업목적	몸에 좋은 과일을 만들자
슬로건	건강한 과일을 고객과 함께하자
원칙	깨끗하게, 기본을 지키자
기획개요	건강하고 신선한 농산물을 제공한다. 대상: 농약을 사용하지 않고, 천연 물질들을 사용한다.

브랜드 개발 기획안 작성 바로가기

잠깐! 농장 명이 정해졌다면, 상표권등록을 꼭 확인하자.

키프리스 사이트에 들어가서 자신의 농장과 같은 상표권을 이미 쓰고 있는 농장이 있다면 사용하지 않는 것이 좋다.

상표권등록을 쉽게 하려면 변리사에게 의뢰하는 것이 좋지만 직접 하는 것도 가능하니 관련 자료를 찾아서 공부해 보는 것도 추천한다.

다음은 그린에이션GREENATION이라는 상표권 목록이니 참고하도록 하자.

상표권등록은 신청하고 나서 보통 1년 정도 소요가 된다.

미리 선점 하는 것도 좋은 방법이다.

로고를 하는것보다 글자 자체를 먼저하는 것을 추천한다. 로고는 추후에도 바뀔수 있기 때문이다.

상표권등록 확인하기

　꽃수정이라는 닉네임을 오랫동안 써왔기 때문에 상표권등록을 하려고 했다. 그러나 등록할 수 없었다. 고유 명사이기 때문이다.

　1년 넘게 고민한 끝에 그린에이션GREENATION이라는 브랜드가 만들어졌다. 한글명과 영문명을 같이 혼용해서 등록하였고, 로고는 추후에 따로 등록할 예정이다.

상표권등록을 해야만 하는 이유

1. 법적 보호
상표권 등록을 통해 법적으로 상표를 보호받을 수 있으며, 타인이 동일하거나 유사한 상표를 사용하는 것을 방지할 수 있다.

2. 브랜드 식별
상표는 소비자가 특정 제품이나 서비스를 식별하는 데 도움을 준다. 등록된 상표는 브랜드의 신뢰성을 높이고 시장에서의 인지도를 강화할 수 있다.

3. 시장 경쟁력
상표권을 통해 경쟁업체와 차별화를 이루고, 시장에서의 독점적 위치를 확보할 수 있다.

4. 자산 가치
- 상표권은 무형 자산으로서 기업 가치를 높이는 중요한 요소가 될 수 있다.
- 상표권은 매매, 라이선스 계약, 담보 제공 등에 활용될 수 있다.

5. 국제적 보호
상표권 등록은 국내뿐만 아니라 해외에서도 브랜드를 보호하는 데 도움을 줄 수 있으며 많은 국가들이 상호 인정하는 상표권 체계를 가지고 있어, 국제적인 사업 확장에 유리하다.

상표권등록 피해 사례

옷가게 A는 ○○옷가게라는 브랜드로 몇십 년 동안 운영을 하였다. 그런데, 그 앞에 있는 옷가게 B가 옷가게 A의 브랜드를 자신의 명의로 먼저 상표권등록을 하였다. 옷가게 A는 몇십 년간 운영하던 브랜드를 더는 사용할 수 없었고, 이 때문에 큰 피해를 보게 되었다.

상표권 담당 변리사에게 기초적인 자료를 무료로 받는 것이 가능하며, 덕분에 변리사 없이 혼자서 상표권등록을 하는 사람도 늘어났다. 매년 IP지식재산권 관련 정부 지원사업도 있다. 능력있는 변리사에게 의뢰하면 손쉽고 편리하게 상표권을 등록할 수 있으며, 정부 지원사업을 확인하여 연계하는 것도 가능하다.

| 실행 요소 |

실행 요소	확인하기	생각 적기
키프리스 사이트 접속하기	☐	
변리사 상담하기	☐	

상표권 이후에는 "특허"이다.

필자도 특허는 너무 멀게만 느껴졌다. 하지만 아이디어를 가지고 구체화 시키는 과정은 변리사님을 만나면 함께할 수 있는 요소가 있다. 필자도 "IP 디딤돌 프로그램"으로 특허 출원 비용을 지원받았다.

주변에는 지원사업을 받고 싶어하는 분들이 꽤 많다.

특허가 시작이다.

특허로 인해서 파생될 수 있는 부분이 많기 때문에 특허에 대해서도 고녀해보고 일단 신청하자! 내가 살고있는 지역의 "지식재산센터"가 어디에 있는지 확인해볼 필요가 있다.

내가 살고 있는 지식재산센터에 전화해서, IP 디딤돌 사업이 언제 있는지, 확인하자! 특허를 3개까지 무료로 지원받을 수 있다.

비즈니스 모델을 알고 싶다면, 책을 읽으면 된다.

세부적인 비즈니스 모델에 관한 책을 읽어 보고, 다양한 비즈니스 모델에 대해서 이야기할 수 있다.

함께 읽는 책 BUSINESS MODEL STORY 을 '슬로우 리딩 천천히 책을 읽으면서 곱씹는 과정' 으로 읽어보자.

『101가지 비즈니스 모델 이야기 2018 에디션』는 성공하는 스타트업, 성공하는 기업을 위한 최고의 비즈니스 모델에 대한 명쾌한 해답을 제시한다. 101가지의 비즈니스 모델을 분석하고 그에 따른 흥미로운 이야기를 담아낸 책으로, 2년 사이 새롭게 출현한 유망 스타트업 20여 개를 보강하고 기존의 스타트업 정보를 꼼꼼하게 업데이트 하여 분석 자료로서의 가치를 높였다. 기존에 잘 알려진 비즈니스 모델보다는 새롭거나 창의적인 사례를 발굴했으며, 101가지의 비즈니스 모델 자체를 기업의 실제 사례와 더불어 쉽게 풀어 썼다.

1. 읽기 전, 책 표지만 보고 드는 생각 쓰기

....
....

Q. 왜 이 책을 읽고자 했을까요? 이 책의 표지를 보면서 무슨 생각이 들었나요?

2. 읽으면서, 기억에 남는 단어 적어보기

....
....
....

구분	개인적인 생각
가치사슬 통합형	
플랫폼형	
제공 가치 유형별	
정보형	
마켓플레이스	
공유경제형	
매체형	
정보 선택 방법	
수익 공식	
사회 가치 기반형	

3. 읽은 후, 기억 남는 문구 적어보기

Q. 이 책을 다 읽고 나서 어떤 감정이 들었나요?

Q. 이 책에서 가장 기억 남는 부분은 무엇이었나요?

Q. 농업창업과 연관시켜 본다면 어떤 것들이 있을까요?

Q. 주변에 농업창업을 하는 사람들과 이야기를 나눌 때 어떤 비즈니스 모델을 생각하게 되었나요?

 농장 브랜드화 구체화하기

비즈니스캔버스 활용하기

최근 모든 창업 분야에서 창업의 기본 틀을 다지는데 비즈니스캔버스를 활용하고 있다.

농업이라고 다르지 않다. 자신의 농장에 대한 브랜드화, 구조화를 위해서는 비즈니스캔버스를 작성해 봐야 한다. 처음 비즈니스캔버스를 작성할 때는 너무나 어색하고 오랜 고민이 필요하다. 하지만 사업을 하면서도 1년에 한 번 정도의 주기로 꾸준히 비즈니스캔버스를 작성하고 다듬으면서 자신의 농장의 부족한 부분과 경쟁력을 보완해 나가면 사업을 하는 데 있어 큰 도움이 된다.

글에는 힘이 있다.
그러니 자신의 농장에 대한 여러 가지 사항을 다음 표의 9가지 비즈니스캔버스로 구조화하면 좋다.
농업회사의 경쟁력을 강화하기 위해 브랜드 전략을 개발할 수 있다.
각 질문에 대해 스스로 답해보면서 매년 우리 농장, 농업회사만의 브랜드 전략을 구체화할 수 있다.

비즈니스캔버스(Businees Canvas) 작성하기

농업회사의 브랜드를 비즈니스캔버스를 활용하여 구체적으로 점검할 수 있다.

 농장 비즈니스캔버스 작성 바로가기

❽ 핵심 파트너	❼ 핵심 활동	❷ 가치제안	❹ 고객 관계	❶ 목표 고객
농장에 도움을 주거나 함께 해야할 사람들은?	농장의 활동	농장의 가치는?	고객의 관리방법?	누구한테 팔 것인가?
	❻ 핵심 자원		❸ 채널(경로)	
	농장의 경쟁력		유통경로는 어떻게?	
❾ 비용 구조			❺ 수익 구조(수익원)	
사업 운영 시 지출되는 비용, 고정비			수익 창출은 어떤 식으로 이루어질 것인가?	

처음부터 비즈니스캔버스를 작성하기는 매우 어렵다. 자신이 비즈니스라고 생각해 보고 자신을 대상으로 작성부터 해보자. 농업경영인 자체가 비즈니스 모델이다.

 농업 경영인 비즈니스캔버스 작성 바로가기

아래는 내가 곧 비즈니스라고 생각하고 비즈니스 캔버스를 작성한 예이다.

❽ 핵심 파트너	❼ 핵심 활동	❷ 가치제안	❹ 고객 관계	❶ 목표 고객
• 농산물 재배 전문가 • 티쳐프러너 • 농업기술센터 • 엔젤투자자	• 농업교육 • 농산물 재배	• 농업의 가치를 높이자. • 농업의 기업가 정신 역량을 세분화하여 실천하자!	주기적인 연락	농업을 사랑하는 꽃수정 청년 농업인 축산인의 아내
	❻ 핵심 자원		❸ 채널(경로)	
	• 책 출판 • SNS 소통 • 농업 강의		블로그, 유튜브, 페이스북, 인스타그램, 독서모임	
❾ 비용 구조			❺ 수익 구조	
서울 교통비, 농자재비			농산물 수익, 농업 통역 아르바이트, 출판	

스스로에게 '왜?'라고 질문하기

비즈니스캔버스의 각 항목들을 질문할 때 어려운 부분이 굉장히 많다. 아래 질문들의 예시를 보면서 스스로 작성하는 힘을 키울 필요가 있다.

1. 목표 고객 Customer Segment

- 우리에게 가장 중요한 고객은 누구인가?
- 우리의 농장을 찾는 고객들은 어떤 사람들인가?
- 우리는 누구를 위해서 농장의 가치를 창출하고 있는가?
- 우리는 어떤 고객들을 위해서 이 농장의 사업모델을 구축하였는가?
- 어떤 고객들이 우리 농장의 수익 활동에 관심을 보이겠는가?

2. 가치제안 Valuse Propositions

- 우리는 고객에게 어떤 농업의 가치를 제공하는가?
- 우리는 고객이 가지고 있는 문제점 중 어떤 것을 해결하도록 도움을 주고 있는가?
- 우리는 각각의 요구사항에 어떤 제품과 체험 활동을 제공할 수 있는가?
- 우리는 고객의 어떤 욕구를 충족시킬 수 있는가?
- 우리가 준비해야 할 농장 판매 물품의 최소 요건의 제품들은 무엇이 있는가?

3. 채널(경로, 유통경로) Channels

- 고객은 어떤 유통경로 및 방법들로 우리의 농업회사를 접하게 되는가?
- 다른 농장들은 어떤 유통 경로 및 방식으로 고객에게 접근하고 있는가?
- 어떤 유통경로 및 방식들이 비용면에서 가장 효과적인가?
- 우리 농장의 활동은 어떤 방식의 유통경로로 고객과의 관계를 통합적으로 이해하고 있는가?

4. 고객 관계 Customer Relationships

- 우리는 어떻게 고객과의 관계를 설정하였는가?
- 우리는 어떻게 고객을 확보하며, 이를 유지하고 또한 증가시키기 위한 노력을 하는가?
- 고객과의 관계를 위해 비즈니스 모델의 다른 부분과 어떻게 유기적으로 통합되어 있는가?
- 고객과의 관계를 위해서 얼마나 돈이 지불되고 있는가?

5. 수익 구조 (수익원)

- 우리 고객은 어떤 가치를 위해 기꺼이 지출하려고 하는가?
- 우리 농장의 활동은 어떤 매출 모델들을 가지고 있는가?
- 우리 농장의 활동은 어떤 가격 전략을 가지고 있는가?

6. 핵심 자원

- 우리의 가치 제안이 어떤 농업회사를 필요로 하는가?
- 우리의 유통경로는 어떠한가?
- 고객과의 관계는 어떠한가?

7. 핵심 활동

- 우리의 가치 제안이 어떤 핵심 활동을 필요로 하는가?
- 우리의 유통경로는 어떠한가?
- 고객과의 관계는 어떤 상태인가?
- 매출원은 어떤 요소들로 구성되어 있는가?

8. 핵심 파트너

- 농업회사를 운영할 때 누가 우리 농장의 핵심 파트너인가?
- 농업회사를 운영할 때 영향력을 미치는 외부인들은 누구인가?
- 농업회사 상품을 운영할 때 누가 우리의 핵심 공급자인가?
- 우리는 파트너로부터 어떤 핵심 자원을 얻을 수 있는가?
- 파트너들이 어떤 핵심적인 활동을 수행하는가?

9. 비용 구조

- 농업회사 상품 비즈니스 모델에서 가장 중요한 비용은 무엇인가?
- 농업회사 운영에 있어 어떤 자원이 가장 비싸고, 저렴한가?
- 농업회사 운영에 있어 어떤 활동이 가장 비싸고, 저렴한가?
- 농업회사 활동의 가격 경쟁력은 어떠한가?

| 실행 요소 |

실행 요소	확인하기	생각 적기
비즈니스캔버스 작성하기	☐	

비즈니스캔버스를 처음 적을 때 쉽지는 않을 것이다.

그러나 꼭 적어야 한다. 조금씩이라도 적기 시작하면 그것이 쌓여서 글이 깊어진다. 작성한 후에 전문가에게 피드백을 받으며 더 확장시켜 보자.

린 비즈니스캔버스(Lean Canvas)

창업가 애시 모리아Ash Maurya가 제시한 린 비즈니스캔버스를 활용한다. 린 비즈니스캔버스는 되도록 앉은 자리에서 한 번에 완성해야 한다.

앞서 보았던 비즈니스 캔버스와는 다른 양식으로, 이 비즈니스캔버스가 일반적인 '사업계획서' 지원사업에 많이 통용된다.

❶ 문제	❹ 솔루션	❸ 가치제안	❾ 경쟁 우위	❷ 고객 세그먼트
현재 직면한 가장 중요한 문제는 무엇인가?	우리가 identified 된 문제를 어떻게 해결할 수 있는가?	농업 비즈니스가 고객에게 제공하는 독특한 가치는 무엇인가?	우리 농장이나 농업 비즈니스가 경쟁사와 비교하여 가진 고유한 강점은 무엇인가?	우리 농산물, 농업 서비스의 주요 고객은 누구인가?"
	❽ 핵심지표		❺ 채널	
	우리 농업 비즈니스의 성공을 측정할 수 있는 가장 중요한 지표는 무엇인가?		우리 제품이나 서비스를 고객에게 어떻게 전달할 것인가?	
❼ 비용 구조			❻ 수익 구조(수익원)	
우리 농업 운영에서 가장 중요한 비용 요소는 무엇인가?			우리 농업 비즈니스의 주요 수익원은 무엇이며, 어떻게 수익을 창출할 것인가?	

1. 문제

- 고객들이 겪게 되는 문제를 1~3가지를 작성한다.
- 작성된 문제에 대한 현재의 대안을 작성한다.

[예시 질문 문장]

- 농부들이 직면한 가장 큰 3가지 문제는 무엇인가요?
- 현재 농업 시장에서 해결되지 않은 니즈는 무엇인가요?
- 고객(소비자 또는 유통업체)이 겪고 있는 주요 불편사항은 무엇인가요?

2. 고객 세그먼트

- 우리 농장의 주요 타겟 고객은 누구인가요?
- 각 고객 세그먼트의 특성과 구매 행동은 어떻게 다른가요?
- 가장 수익성이 높은 고객 그룹은 어디인가요?

3. 가치제안

- 우리 농장 제품/서비스가 고객에게 제공하는 주요 가치는 무엇인가요?
- 경쟁사와 비교하여 우리 제품/서비스의 차별점은 무엇인가요?
- 고객의 어떤 문제를 해결하거나 니즈를 충족시키나요?

4. 솔루션

- identified된 문제들을 해결하기 위한 구체적인 방안은 무엇인가요?
- 우리의 솔루션이 기존 방식보다 어떤 점에서 더 효과적인가요?
- 솔루션 구현에 필요한 핵심 기술이나 방법론은 무엇인가요?

5. 채널

- 고객에게 제품/서비스를 전달하는 주요 경로는 무엇인가요?
- 온라인과 오프라인 채널 중 어떤 것이 더 효과적인가요?
- 새로운 잠재 고객을 확보하기 위한 마케팅 채널은 무엇인가요?

6. 수익구조

- 농장에 당장에 이익을 줄 수 있는 매출모델은 무엇인지 생각해야한다.
- 주요 수익원은 무엇이며, 각각의 비중은 어떻게 되나요?
- 계절에 따른 수익 변동성은 어떠하며, 이를 어떻게 관리할 수 있나요?
- 수익을 증대시킬 수 있는 새로운 기회는 무엇인가요?

7. 비용구조

- 농장 운영에서 가장 큰 비용 항목은 무엇인가요?
- 비용을 절감할 수 있는 영역이 있나요?
- 규모의 경제를 실현할 수 있는 방안은 무엇인가요?

8. 핵심지표

- 농장의 성공을 측정하는 주요 KPI는 무엇인가요?
- 수확량, 품질, 고객 만족도를 어떻게 측정하고 개선할 것인가요?
- 재무적 건전성을 나타내는 핵심 지표는 무엇인가요?

생산성 지표	• 단위 면적당 수확량 : 헥타르 또는 에이커당 생산되는 작물의 양 • 노동 생산성 : 노동시간, 노동시간 대비 생산량 • 자원 이용 효율성 : 물, 비료, 농약 등의 투입량 대비 산출량
재무 지표	• 총 매출 : 판매된 농산물의 총 금액 • 순이익률 : 총 매출 대비 순이익의 비율 • 투자수익률(ROI) : 투자 대비 수익의 비율 • 운영비용 비율 : 총 매출 대비 운영비용의 비율
품질 지표	• 등급별 생산 비율 : 최상품, 중품, 하품 등의 비율 • 불량률 : 전체 생산량 중 판매 불가능한 농산물의 비율 • 고객 만족도 : 제품 품질에 대한 고객 평가 점수
지속가능성 지표	• 토양 건강도 : 토양검사, 유기물 함량, pH 수준 등 • 물 사용 효율성 : 단위 생산량 당 사용된 물의 양 • 탄소 발자국 : 농업 활동으로 인한 온실가스 배출량
마케팅 및 판매 지표	• 고객 획득 비용 : 신규 고객 확보에 들어가는 비용 • 고객 유지율 : 재구매하는 고객의 비율 • 유통 채널 다양성 : 직거래, 온라인, 오프라인 등 판매 채널의 수와 비중
운영 효율성 지표	• 재고 회전율 : 재고가 판매되는 속도 • 장비 가동률 : 농기계 등 주요 장비의 사용 효율성 • 작업 완료 시간 : 파종에서 수확까지 걸리는 시간

리스크 관리 지표	• 작물 다양성 지수 : 재배하는 작물의 다양성 정도 • 보험 가입률 : 자연재해 등에 대비한 농작물재배보험 가입 현황 • 가격 변동성 : 주요 농산물의 시장 가격 변동 폭
혁신 및 개선 지표	• 신기술 도입률 : 스마트팜 기술 등 신기술 적용 정도 • 교육 및 훈련 시간 : 농업인 및 직원들의 역량 강화를 위한 교육 시간 • 연구개발 투자 비율 : 총 매출 대비 R&D 투자 비율

9. 경쟁우위

- 우리 농장만의 고유한 강점은 무엇인가요?
- 경쟁사 대비 우리의 지속 가능한 차별화 요소는 무엇인가요?
- 미래에 우리의 경쟁력을 강화할 수 있는 요소는 무엇인가요?

| 비즈니스캔버스와 린 비즈니스캔버스의 차이점 |

일반 비즈니스캔버스	린 비즈니스캔버스
기존 비즈니스나 새로운 비즈니스 전반에 대한 포괄적인 분석	• 스타트업이나 신규 프로젝트에 초점을 맞춤, 가설 검증에 중점 • 문제와 솔루션 강조
'문제'와 '솔루션'을 명시적으로 다루지 않음	'문제'와 '솔루션'을 별도의 구성 요소로 강조
경쟁 우위를 별도로 다루지 않음	경쟁 우위를 독립적인 구성 요소로 포함
핵심 지표를 별도로 다루지 않음	핵심 지표를 독립적인 구성 요소로 포함, 성과 측정에 중점

일반적으로는 비즈니스캔버스를 작성하고, 사업모델을 생각할 때에는 린 비즈니스캔버스를 작성한다.

PSST를 확인해보자!

대부분의 사업계획서는 PSST는 핵심적인 요소들을 간단하게 요약하는 프레임워크를 가진다.

PSST의 약어는 Problem문제, Solution해결책, Scaleability확장성, Team팀을 나타냅니다.

PSST 프레임워크에 대한 설명은 다음과 같다.

Problem (문제)	• 해결하고자 하는 고객의 문제나 니즈를 명확히 정의한다. • 이 문제가 얼마나 중요하고 시급한지 설명한다. • 현재 시장에서 이 문제를 해결하지 못하는 이유를 분석한다.
Solution (해결책)	• 제시한 문제를 해결하기 위한 당신의 제품이나 서비스를 설명한다. • 해결책의 독특한 가치 제안을 강조한다. • 왜 당신의 해결책이 기존의 대안들보다 더 나은지 설명한다.
Scaleability (확장성)	• 비즈니스 모델이 어떻게 확장될 수 있는지 설명한다. • 시장 규모와 성장 잠재력을 제시해야한다. • 수익 모델과 장기적인 지속가능성을 설명한다.
Team (팀)	• 창업팀의 핵심 구성원들을 소개한다. • 각 팀원의 전문성, 경험, 역할을 설명한다. • 왜 이 팀이 이 사업을 성공시키기에 적합한지 강조한다.

문제를 발견하는 자가 사업을 평정한다!

고객이 찾고, 고객이 원하는 것을 생각해야 한다.

생각보다 우리는 고객에 대해서 집중하지 못하는 경우가 많다. 우리의 소비자가 원하는 것을 미리 준비하고 대비한다면 우리의 농업경영은 확장될 가능성이 높다.

농업과 연계된 PSST 예시 상황

Problem (문제)	"소규모 농가들은 대형 유통업체와의 거래에서 불리한 협상력으로 인해 적정한 수익을 얻지 못하고 있다." "기후변화로 인한 불규칙한 기상 현상이 농작물 생산의 안정성을 위협하고 있다." "소비자들은 신선하고 안전한 농산물에 대한 니즈가 있지만, 생산 과정의 투명성을 확인하기 어렵다."
Solution (해결책)	"우리는 소규모 농가들을 위한 온라인 직거래 플랫폼을 구축하여 유통단계를 줄이고 농가의 수익을 개선한다." "스마트팜 기술을 도입하여 기후변화에 대응하고 안정적인 작물 생산을 가능하게 한다." "블록체인 기술을 활용해 농산물의 생산부터 유통까지 전 과정을 추적할 수 있는 시스템을 제공한다."
Scaleability (확장성)	"우리는 소규모 농가들을 위한 온라인 직거래 플랫폼을 구축하여 유통단계를 줄이고 농가의 수익을 개선한다." "스마트팜 기술을 도입하여 기후변화에 대응하고 안정적인 작물 생산을 가능하게 한다." "블록체인 기술을 활용해 농산물의 생산부터 유통까지 전 과정을 추적할 수 있는 시스템을 제공한다."
Team (팀)	"우리 팀은 20년 이상의 농업 경험을 가진 전문가와 IT 개발자들로 구성하여 농업과 기술의 융합을 실현한다." "팀 리더인 김OO 대표는 스마트팜 분야에서 10년 이상의 연구 경력과 다수의 특허를 보유하고 있다." "마케팅 책임자 이OO은 대형 유통업체에서의 경력을 바탕으로 농산물 유통의 Pain Point를 정확히 이해하고 있다."

어떤이들은 "나는 농산물을 판매할건데? 왜 고객에게 문제를 찾아야 하나요?" 라고 질문할 수 있다.

농산물 판매도 치열한 경쟁 시장이다. PSST 분석으로 한발 앞서 나갈 수 있다. 정부 정책 변화를 예측해 유리한 조건을 선점하고, 소비자의 선호 같은 트렌드를 파악해 상품을 조정할 수 있다. 최신 재배 기술로 품질을 높이고, 온라인 정보들을 활용한 직거래로 수익을 늘릴 수 있다. PSST 분석은 단순 판매를 넘어 지속 가능한 농산물 비즈니스의 핵심 전략이 된다.

농업 비즈니스 수익모델 요소들

다양한 성공적인 수익모델 Revenue Model 들을 농업에 적용하여 나타낸 것이다.

판매 및 거래 방식	• **단순판매**: 농장에서 직접 재배한 유기농 채소를 로컬 마켓에서 판매한다. • **경매**: 고품질 화훼를 화훼 경매장에서 판매한다. • **역경매**: 대형 식품회사의 원료 조달을 위해 여러 농가들이 경쟁 입찰한다. • **거래규모**: 대규모 쌀 농장이 식품 기업과 연간 계약을 체결하여 안정적인 판매량을 확보한다.
서비스 및 플랫폼	• **렌탈**: 고가의 농기계를 소규모 농가에 단기 대여하여 수익을 창출한다. • **플랫폼**: 농부와 소비자를 직접 연결하는 온라인 마켓플레이스를 운영한다. • **양면 시장**: 농부와 요리사를 연결하는 프리미엄 식자재 거래 플랫폼을 구축한다. • **제품 서비스화**: 스마트팜 기술을 구독 서비스 형태로 제공한다.
마케팅 및 브랜드 전략	• **광고**: 인기 있는 농업 유튜브 채널을 운영하여 광고 수익을 창출한다. • **브랜드**: 지역 특산품을 활용한 고급 식품 브랜드를 개발한다. • **OSMU**: 유명 과수원의 브랜드를 활용하여 과일주, 잼, 관광 상품 등 다양한 제품을 출시한다.
비용 및 가격 전략	• **초기비용 절감**: 공동 농기계 사용 시스템을 도입하여 초기 투자 비용을 줄인다. • **원가절감**: 스마트팜 기술을 도입하여 노동력과 자원 사용을 최적화한다. • **프리-미엄**: 기본적인 농업 정보는 무료로 제공하고, 맞춤형 컨설팅은 유료로 제공한다. • **제품 피라미드**: 같은 작물에 대해 일반, 프리미엄, 유기농 등 다양한 등급의 제품을 판매한다.
혁신 및 기술	• **기술개발 우위**: 특허받은 종자 개발 기술을 바탕으로 고수익 작물을 생산한다. • **파괴적 혁신**: 수직농법을 도입하여 도심에서 고효율 농업 생산을 실현한다. • **오픈 비즈니스**: 농업 기술을 오픈소스로 공개하고 관련 컨설팅 서비스로 수익을 창출한다.

경영 전략	• **기반구축 후속** : 대규모 스마트팜 단지를 조성한 후 농업 데이터 분석 서비스를 제공한다. • **가치사슬 위치** : 종자 개발부터 유통까지 농업의 전체 가치사슬을 통합 관리한다. • **경험곡선** : 다년간의 유기농법 노하우를 바탕으로 고품질 유기농 제품을 효율적으로 생산한다. • **범위의 경제** : 다양한 작물을 재배하여 계절별 수요 변동에 대응하고 농지 활용도를 높인다. • **인수합병** : 대형 농업회사가 혁신적인 농업기술 스타트업을 인수하여 경쟁력을 강화한다.
고객 관계 및 상품 구성	• **락-인** : 자사 개발 농기계와 호환되는 소모품을 지속적으로 판매한다. • **롱테일** : 다양한 희귀 작물을 소량 재배하여 틈새시장을 공략한다. • **언번들링** : 기존의 과일 세트 상품을 개별 과일로 분리하여 판매한다.
부가가치 창출	• **기반사업 부가요소** : 과수원 운영을 기반으로 과일 따기 체험, 캠핑장 등 부가 서비스를 제공한다.

    이외에도 많은 요소들이 있고, 농업경영인의 개인적인 스토리와 연결되면서 확장될 수 있는 가능성이 많다.

    그러니 오늘도 자신만의 생각과 요소들을 기록하고 확장시켜 보자.

9 농작물 재배하기

배운 만큼 잘한다.

농업경영인은 농작물의 퀄리티로 말한다.

실제 몸으로 뛰면서 배우는 것도 많겠지만, 농작물에 대한 이론을 먼저 공부하여 섭렵해야 한다. 또한 스마트팜을 운영하려면, 재배 과정+ICT가 가능해야 한다.

스마트팜

재배 + ICT

			20% 40% 60% 80% 100%
PART 02 작물의 유전성	01 유전자	038	
	02 생식	085	
	03 육종	109	
	04 품종, 신품종	172	
			20% 40% 60% 80% 100%
PART 03 재배환경	01 토양	196	
	02 수분	268	
	03 공기	296	
	04 온도	310	
	05 광	331	
	06 상적 발육과 환경	351	
	07 C/N율, T/R율, G-D	372	
	08 식물생장조절제	375	
	09 방사선 이용	388	
			20% 40% 60% 80% 100%
PART 04 재배 기술	01 작부체계	392	
	02 종자번식, 영양번식	406	
	03 육묘	461	
	04 토양관리	465	
	05 파종	472	
	06 이식, 보식, 중경, 제초	477	
	07 재배관리	483	

출처 : 김수정의 재배학개론

재배학개론, 원예학, 시설원예학 등을 철저하게 공부한 후, 그에 맞는 운영 방법을 자신만의 언어로 다듬어야 한다.

농서남북 홈페이지에 가면 다양한 농업자료들을 무료로 다운받을 수 있다. 이렇게 친절하게 농업 공부를 할 수 있는 국가들이 있는가? 또한 이렇게 친절하게 도와주는 농업사이트가 또 있을까?

우리나라 농업시스템은 정말 대단하다. 교육에 진심인 것 같다.

실행 요소		
실행 요소	확인 하기	생각 적기
재배학개론 책 확인하기	☐	
원예학 책 확인 하기	☐	
농업책 확인하기	☐	
농서남북 홈페이지 방문하기	☐	

작물 재배 과정

작물의 재배 과정에 대해 한 번에 이해하기란 어려운 일이다.

작물을 재배하며 한해 한해 시간을 보내면서 차근차근 디테일을 다져야 한다. 작물 재배의 전체 과정을 경험하면서 다양한 측면으로 이해해야 하며 해당 작물의 선배멘토를 직접 만나 배우는 시간도 필요하다. 여느 다른 산업과는 다르게 농업은 제품을 생산하는 데 있어 긴 시간이 필요하다.

작물의 파종부터 수확까지의 과정을 생각하면서 적어보고 나만의 재배 기술을 만들어야 한다.

아래 내용을 참고하여 작물 재배 과정에 대해 체계적으로 작성해 보자.

 작물 재배 과정 양식 바로가기

기상환경	토양	**토양 상태 점검** • 자신의 농장에 대한 토양 정보는 흙토람 사이트에서 정확하게 파악할 수 있다. • 농업기술센터에서 토양가져다주고, 토양검정을 한다. • 구매하게 되는 토양배지의 성분, 원산지를 파악한다.
	수분	**수질 검사** • 수질 검사 전문기관에 지하수 검사를 의뢰할 수 있다. • 작물의 생육에 가장 필요한 요소 중 하나인 물의 성분에 따라서 양액, 농약의 사용 방법이 달라진다.
	공기	**바람의 방향 체크** 바람이 부는 방향에 따라서 온실을 짓는 방향이 달라질 수 있다.
	온도	• 계절별 온도 확인 • 지역 최고 기온은 몇 도인가? • 재배할 작물의 최고 생육 온도는 몇 도인가? • 지역 최저 기온은 몇 도인가? • 난방은 어떻게 할 것인가?
	광	• 아침부터 저녁까지 시시각각 변하는 광에 대해서 관찰할 것. ※ 우리나라는 산이 많기 때문에 광이 비추지 못하는 공간들이 있다. 그런 공간에서는 광합성이 될 수 없으므로 작물 재배에 있어 아주 중요한 요소이다.

재배기술		1월	2월	3월	4월	5월	6월	7월	8월	9월	10월	11월	12월
	작부체계												
	종자, 모종	• 종자 구매는 주로 어디서 하는가? • 모종 구매는 주로 어디서 하는가?											
	파종, 정식												
	재배관리 방법	작물을 재배하는 방법에서 가장 중점을 두는 것은 무엇인가?											
	병, 해충, 생리장해	작물에 주로 걸리는 병, 해충, 생리장해는 각각 무엇이 있는가?											
	농약사용	• 농약은 주로 어떤 것을 사용하는가? • 농약의 성분명은 무엇인가? • PLS제도는 잘 알고 있는가?											

Q. 재배를 하기로 선택한 작물은 무엇인가?
Q. 그 작물을 선택한 이유는 무엇인가?
Q. 그 작물의 품종과 특징은 무엇인가?
Q. 작물을 잘 재배하기 위한 방법은 무엇인가?

▎실행 요소 ▎

실행 요소	확인하기	생각 적기
작물 재배과정 이해하기	☐	
작물의 재배과정 적기	☐	

10 농업 자격증이 꼭 필요한가?

똑똑한 농업경영인이 되기 위한 준비

농업 자격증은 꼭 필요한 사항은 아니며 농업 자격증의 필요성은 개인의 상황과 목표에 따라 다르다.

농업 자격증은 농업에 대한 전문적인 지식과 기술을 인증받는 것으로, 이를 통해 농업 분야에서의 경쟁력을 높일 수 있다.

1. 농업 지식 강화할 수 있는 자격증

농업 자격증이 농업회사 운영에 있어 필수는 아니지만, 농업의 전체적인 틀과 기초를 배울 때 도움이 된다. 또한 목표한 바가 있을 때, 그것을 실현하기 위한 과정에서 농업 관련 자격증이 필요할 때가 있다. 예를 들어, 도시농업관리사 자격증을 취득하기 위해서는 반드시 농업 관련 자격증이 1개 이상 있어야 한다. 이처럼 여러 방면에서 경쟁력을 확보하기 위해서는 농업 자격증이 도움이 된다.

최근에는 많은 소비자들이 유기농업기능사, 종자기능사와 같은 자격증을 스스로 취득하여 다방면으로 활용하고 있다.

급변하는 환경에서 똑똑한 소비자들이 진화와 성장을 거듭하고 있다. 우리 농업인도 끊임없이 공부하고 연구하여 전문성을 갖춘 똑똑한 농업경영인이 되어야 한다.

2. 농업 자격증 정보에 대해서 확인 할 수 있다.

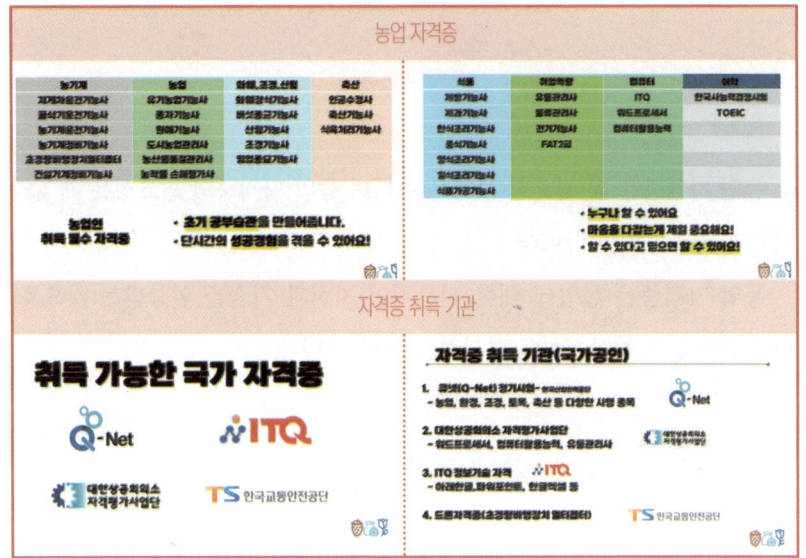

"어떤 자격증을 취득할 것인가?"

"어떻게 공부할 것인가?"

| 실행 요소 |

실행 요소	확인하기	생각 적기
농업자격증 요소 확인하기	☐	
자격증 계획 세우기	☐	

11 농업 디자인씽킹

다양한 아이디어를 위한 마음가짐

디자인씽킹!
대부분의 창업에서는 디자인씽킹 사고 과정으로 창업을 시작한다.
디자인씽킹이 무엇인지 이해하고 이를 농업에 적용해 보자!

1. 디자인 씽킹 Design Thinking

디자인씽킹Desigin Thinking은 사람에 대한 접근방식이며, 마음가짐MindSet이다. 디자인씽킹은 수렴집중적 사고과 분산확산적 사고의 과정으로 나뉜다. 수렴은 문제상황과 해결하고 싶은 상황에 대해 최선의 해결책과 방법을 찾는 것이고, 분산은 하나의 주제에 대해서 다양한 아이디어와 양의 확산을 제공한다.

농업회사를 창업하려는 사람들이 진정으로 원하는 것을 발견하고 다양하고 폭넓은 의견과 효과적인 방법들을 찾을 수 있다.
디자인씽킹 과정을 통해서 농업창업의 확장성과 실제 시장이 원하는 것에 접근할 수 있는 기회를 가져야 한다.

2. 농업 디자인씽킹 과정 Design Thinking Process

▎디자인씽킹 전체 과정 ▎

찾기 Finding		Soving	Finding + Soving	
❶ 공감하기 Empathize	❷ 정의하기 Define	❸ 아이디어 내기 Ideate	❹ 빠른 프로토타입 Rapid prototyping	❺ 현장테스트 Test

Process	과정 설명
❶ 공감하기 Empathize	• 내 입장이 아닌 사용자 입장에서 바라보기 • 페르소나 정하기 : 농업회사에 참여할 사람을 구체적으로 정하기 속 깊은 인터뷰 TIP - 경험 위주의 스토리를 깊이 공감하며 듣는다. - 생각을 확장시키는 '또' 질문한다. - 호기심을 가지고 '고객이 왜 그럴까?'라고 질문한다. - 인터뷰 대상자가 말하는 내용 속의 '니즈'를 발견한다. - 인터뷰 과정에서 내 마음의 '정답'을 피한다. - 충고, 조언, 판단, 비판을 금지한다. - 고객은 어떤 걸 원하는지 깊게 생각해 본다. - 농산물을 소비하는 소비자뿐만이 아니라, 유통센터의 직원, 대형마트의 MD 등도 고객일 수 있다.
❷ 정의하기 Define	• 관찰, 인터뷰, 몰입, 공감을 통해 새롭게 알게 된 사실과 흥미로운 통찰을 바탕으로 다양한 관점에서 해석하고, 적절한 초점을 찾는 단계이다. • 인터뷰 내용을 단어, 혹은 문장으로 표현한다. • 한 장에 하나의 의견만 표기한다. • 글씨는 크게 쓴다. 키워드 위주로 쓴다. 시각화(그림)해 본다. • ChatGPT에 다양한 의견을 내놓는다. • 볼펜, 연필보다는 네임펜, 매직을 사용한다. • 비슷하거나 같은 의견을 그루핑으로 묶는다.
❸ 아이디어 내기 Ideate	협동심과 각자의 아이디어 발산을 통해 상황 및 문제점에 대한 정의에 의해 이를 해결하기 위한 과정을 거치며 창의력과 새로운 방법을 만들어 가는 과정이다.

Process	과정 설명
❹ 빠른 프로토타입 Rapid prototyping	• 초기 프로토타입 만든다 → 피드백 받는다 → 프로토 타입 개선한다. • 양질의 피드백을 받기 위해서 아이디어를 실제로 구현하는 단계이다. • 빠르고 싸게, 쉽게 만들 수 있는 것을 수행한다. • 눈으로 보이게 하기, 만질 수 있도록 하기 등 바로 실행할 수 있는 작은 성취를 찾아본다.
❺ 현장 테스트 Test	테스트 준비 → 테스트 실행 → 결과기록 → 통찰 발견 및 반복 수행 **테스트 전, 고려항 사항** - 농업회사 홍보·광고는 어떻게 검증해야 하는가? - 사람들의 예상되는 피드백은 무엇인가? - 어떤 질문을 해야 피드백을 잘 받을 수 있을까? **테스트 후, 성찰** - 무엇을 새롭게 발견하게 되었나? - 예상했던 반응과 예상하지 못했던 반응은 무엇인가? - '왜?'라는 질문을 통해서 고객의 마음에 공감해 보자.

🔊 디자인 씽킹 과정 중에 지켜야 할 사항

- 동시에 두 명 이상의 발언을 금지한다.
- 주제에 집중한다.
- 모든 사람의 거친 아이디어를 존중한다.
- 배려하는 말을 한다.
- 다양한 아이디어를 존중한다.
- 협력하는 마음가짐을 가진다.

스마트팜 온실구축, 온실운영을 위한 디자인씽킹 프로젝트

스마트팜 온실 구축에 대해서 미리 생각해 보자.

앞서 소개한 디자인씽킹 과정을 스마트팜 온실 구축, 온실 운영에 대입해 보자.

스마트팜 온실을 짓고 나면 온실 운영을 어떻게 할 것인가? 스마트팜 사업가로서 디자인씽킹 과정을 적용한 운영과 제작에 전체적인 과정을 알아보자.

1. 디자인씽킹 수업 순서

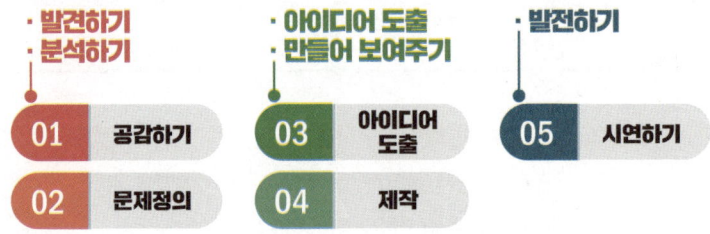

스마트팜 온실 구축 과정에 대해서 디자인씽킹을 해볼 수 있다.

스마트팜	스마트팜 구축, 스마트팜 온실 운영을 위한 디자인 씽킹	날짜:
		이름:
		농장명:

❶ 공감하기 Empathize

- 스마트팜을 운영하는 CEO의 마음
- 스마트팜 건축하는 건축사의 마음
- 스마트팜 구축 자금을 대출해 주는 대출가의 마음
- 스마트팜 온실에서 생산된 농산물을 구매하는 소비자의 마음

❷ 정의하기 Define

공감에서 나온 요소 중에 세부적인 내용을 정의한다.
예) 제한 된 예산금액에 의해서 이번 연도는 온실 골조, 기본시설만 구축이 가능한다.

❸ 아이디어 내기 ideate
- 자신만의 고유한 스마트팜 구축하기
- 온실 모양을 어떻게 짓고 싶은가?

❹ 빠른 프로토타입 Rapid prototyping

1) 온실 구조 그리기

2) 스케치업 프로그램 사용하기
- 스케치업이라는 프로그램으로 온실의 형태를 3D로 디자인할 수 있다. 완벽하지 않더라도 농작물 재배를 위한 온실, 작업장과 선별장, 길과 토지의 배치를 대략적으로 그려볼 수 있다.

❺ 현장 테스트 Test

농업창업을 꿈꾸는 창업자라면 누구나 처음에는 온실에 대한 꿈이 크다. 내 경우에도 1,000평가량의 온실을 짓는 것쯤은 농업창업자금으로 쉽게 지을 수 있을 거라 생각했지만 관련 법령과 온실 자재의 가파른 상승에 따라 꿈꾸어 온 온실을 구축하는 것은 쉬운 일이 아니었다. 따라서 장기적인 계획을 세우고 여러 가지 사항들을 고민하는 과정은 반느시 필요하다.

필자가 농업고등학교 교사일 때 2번이나 스마트팜 온실 구축을 담당하는 총 책임 업무를 담했다. 설계초기 참여부터 시공, 운영까지 다 해봤다. 이미 경험이 있어도 그 어려움과 고통이 어떤지 너무나 잘 알기에 쉽지 않다는 것이 충분히 이해가 간다. 그럴 때 여러가지를 미리 생각해야 한다. 그리고 적어야 한다. 체크리스트만이 온실구축을 위한 살길이다.

스마트팜 운영을 위한 디자인씽킹 프로세스 따라 하기

스마트팜 온실 구축 및 운영을 위한 디자인씽킹 프로세스이다.

1. 공감하기 Empathize

- 우리가 재배하려고 하는 작물은 무엇인가?
- 소비자는 어떤 작물을 재배하고 싶어 하는가?
- 스마트팜을 구축할 때 어떤 과정을 거쳐야 하는가?
- 스마트팜을 운영할 때 어떤 문제점이 생길 수 있는가?

2. 문제정의 Define

- 어떤 요소가 문제인가?
- 내가 가진 자본은 얼마인가?
- 내 신용도에서 대출이 얼만큼 가능한가?
- 현재 대출액에 대한 이자는 매년 얼만큼 상환해야 하는가?
- 온실 운영에 있어서 농작물 재배의 수확량은 얼마인가?

3. 아이디어 도출 Ideate

- 자신만의 다양한 아이디어를 기록한다.
- 어떤 온실이 매력적이었는가?

🚩 프로토타입 Prototype

목표 : 재료가 주어졌을 때 시설 하우스 자재 명칭을 기입하여 하우스를 완성할 수 있다.

- 과정
  ① 재료를 준비한다.
  ② 시간 내에 하우스 구조를 완성한다.
  ③ 시설하우스 세부 명칭을 기입한다.
  ④ 만든 후 소감문을 자세하게 기입한다. (하우스를 만들면서 어려웠던 점, 사용해야만 했던 도구, 자재 사용 시 주의해야 할 점 등 기입)

- 수업 성과
  ① 하우스 구조를 만들 시 기둥의 중요성을 깨닫는다.
  ② 하우스 자재부의 각각의 명칭을 구분할 수 있다.
  ③ 하우스 구조를 만들 때 중요한 부분을 깨달을 수 있다.

선생님의 질문 !?

- 전체적인 스마트팜 구축 예산은 얼마가 지출되었는가?
- 자신이 만든 스마트팜은 누구를 위해서 제작되었는가?
- 스마트팜 제작을 위해서 어떤 노력을 했는가?

🚩 테스트_검토 및 의사 결정 (발전시키기, 보완과 피드백)

- 내가 설계를 주도한 스마트팜 온실의 구조를 평가받기
- 스마트팜에 연계할 수 있는 부분을 보완하기
- 실제 자신만의 스마트팜을 구축할 수 있는 자료 찾기
- 스마트팜을 구축할 수 있는 예산을 세부적으로 계획하기
- 온실 운영에 대한 세부적인 방안을 글로 쓰기

12 온실 구축하기

이제, 진짜 시작이다.

온실 하나를 만드는 데는 생각보다 많은 에너지가 들어간다.

온실을 구축하기에 적합한 토지인지, 지하수를 사용할 수 있는지, 해가 잘 드는 곳에 위치해 있는지 등의 기초적인 환경 상태에서부터, 설계하고 짓는 모든 과정에서 필요한 업체들을 선정하고 완공하는 데까지 하나하나 빠짐없이 꼼꼼하게 알아봐야 하기 때문이다. 많은 업체 중에서도 나에게 맞는 업체를 잘 선택하는 것도 중요한 일이기 때문에 온실 구축 과정에 대해서 자세히 알아보고 필요한 항목이 무엇인지 체크하며 내가 원하는 온실의 기준을 명확히 세워 두어야 한다. 또한 온실을 짓는 모든 과정에 대해 정확히 이해하고 있어야 예기치 않게 소요되는 비용을 줄일 수 있다.

다음은 온실 구축 과정의 전반적인 내용들이며 이외에도 온실의 특성에 따라 점검해야 할 내용은 각기 다를 수 있으므로 다음 내용을 참고하여 나만의 체크리스트를 작성해 보도록 하자.

1. 온실 구축 과정에 대해서 이해할 수 있다.

온실을 지을 때 많은 것을 모두 고려할 수는 없겠지만, 현재 고려할 수 있는 질문 몇가지를 단계마다 만들어 보았다.

토지 확인하기	• 성토(흙쌓기)를 해야 할 필요가 있는가? • 침수 가능 여부가 있는가? • 상하수도 연결 가능 여부는 어떠한가? • 진출입로에 대한 확인은 어떠한가? • 근처 농가의 유무 등을 확인했는가? • 토질 상태는 어떠한가? • 전기 설치는 되어있는가? • 감정평가 금액은 얼마인가? • 대출 담보 비율은 어떠한가? • 개발행위 제한 등 등기상의 문제는 없는가? ※ 온실을 구축하려고 하는 위치가 낮으면 여름철 집중호우 발생 시 침수 피해를 입을 염려가 있다.
물 확인하기	• 관정 확인은 했는가? • 지하수 상태는 어떠한가? • 지하수법은 확인했는가?
기상 환경 확인하기	• 아침에 해가 뜨는 위치는 어떠한가? • 지난 몇 년간 우박이 내린 적 있는 지역인가?
재배 작물 선택하기	• 그 작물을 선택한 이유는 무엇인가? • 그 작물을 키우기 위한 환경 조건은 알맞은가?
설계도서 작성	설계도면, 내역서, 시방서 ※ 온실, 작업장, 창고 등을 짓고 싶은 예시들을 스케치업이란 프로그램으로 작업해 보면 좋다.
설계도서 검토하기	• 설계도서를 직접 볼 수 있는가? • 설계도서를 대신 꼼꼼하게 봐줄 사람은 누구인가?
시공	건설산업기본법 관계 규정에 의거 등록된 전문건설업체를 통해 시공한다.
전기	비상 발전기 등 전기 시설은 전기사업법 관계 규정에 따라 시설을 설계 시공 관리한다.

온실 선정하기	• 비닐 하우스 • 유리온실하우스 유리, PC, PMMA 어떤 것을 선택할 것인가? ※ 각각 견적내역 산출하기
온실업체 선정하기	• 온실 시공 능력 평가 공시업체 온실 설치 • 공사도급표준계약서 및 조건 활용하기
온실업체 계약서	• 계약 시 구비서류 • 계약서 부 연대보증 혹은 보증보험 • 사업자등록증 사본 • 해당 공정 면허등록증 및 수첩 사본 금속 구조물 창호공사업 • 사용인감계 • 법인 인감증명서, 법인 등기부등본 • 계약보증금 납부서
측고 선정하기	최근 측고가 높은 것이 트렌드이다. 하지만 무조건 측고가 높다고 해서 좋은 것은 아니다. 내가 선택한 측고는 몇 m인가?
작물에 따른 베드 선정하기	행잉베드, 고설베드 등 어떤 베드를 선택할 것인가?
난방기기	• 어떤 난방기기를 선택할 것인가? • 난방기기의 효율은 어떠한가?
냉방기기	• 내가 살고 있는 지역의 여름 최고온도는 몇도인가? 최근 여름 온도가 지나치게 높아져서 냉방기기를 설치하는 스마트팜 농가가 늘어났다.
베드	• 베드 간격은 어떻게 할 것인가? • 베드에 올라갈 배지는 무엇으로 할 것인가?

2. 준비 서류

지자체 담당자 및 시공 사업에 따라서 준비 서류 및 서식 등이 달라질 수 있다.

사업 신청	농업법인 작목반 농민	시공업체 시공능력평가공시업체
	• 사업신청서 계획서 • 신용조사 증빙자료 **사업신청부지가 자가 소유인 경우** • 부동산 등기부 등본 토지 • 대상지의 농지원부 **사업신청 시설부지가 임차인 경우** • 임대인과 임차인의 인감증명서 • 첨부된 장기임대차계약서 사본 • 부동산 등기부 등본토지 • 농지임대차 확인이 가능한 농지원부 • 임대인과 임차인의 인감증명서 • 첨부된 임대차 관련 분쟁금지 확약서 • 보조금교부신청서 제출	**공사추진시** • 견적서 • 설계도 • 시방서 • 계약서 • 사업자등록증 • 면허증사본 • 면허수첩사본 • 착공계 • 계약이행증권 • 사업자등록증 • 법인계좌사본
준공절차		**준공서류 일괄 제출** • 준공계 • 정산서 • 하자이행증권 • 세금계산서 • 준공사진첩

온실은 건축, 설비, 전기, 복합 환경제어장치, 양액기 등이 포함된 복합 건축물이다.

"어떤 온실 업체를 선택할 것인가?"

싸고 좋은 온실업체를 선정하면 매우 좋겠지만, 현실적으로 싸면서 좋기란 매우 어려운 일이다. 온실에 대한 전반적인 건축 방법을 이해하고 모든 공정에 있어 업체를 일일이 알아보고 선택하여 맡긴다면 비용적으로는 많이 절감할 수 있겠지만 그렇게 하기란 쉽지 않은 것도 분명한 사실이다.

최근 온실 시장은 온실 구축 기준 가격이 비교적 잘 형성되어 있고, 예전에 비해서 거품도 적기 때문에 짓고 싶은 온실의 구조와 형태, 그리고 사용할 수 있는 예산을 우선적으로 책정해 보는 것이 필요하다.

> **온실 업체 선정 시 고려할 사항**
> - ☑ 온실 업체의 경력은 어느 정도 되었는가?
> - ☑ 이전에 구축했던 온실들의 예시(포트폴리오)를 안내해 줄 수 있는가?
> - ☑ 구조계산서가 가능한 온실인가?
> - ☑ (사)시설온실협회(http://www.akaf.or.kr)의 온실 시공 능력 평가 공시업체 순위는 어떠한가?
> - ☑ 온실을 짓고자 하는 지역에 해당 온실 업체가 지은 온실이 있는가?

3. 온실 업체 선정하기

_____ 온실 업체를 선정한 이유를 스스로 적어보자.

✏️ 적어보기

1. ....
2. ....
3. ....

    좋은 온실 업체를 선정하여 그럴듯한 온실을 짓는 데 성공했다 해도 차후에 교체하거나 수리해야 하는 경우가 반드시 생긴다. 그 부분에 대해 사전에 협의하고, 각 시설물에 대한 교체 시기를 미리 기재해 두고 관리해야 한다.

    온실에서 전기는 매우 큰 부분을 차지한다. 난방시설, 복합 환경제어장치 등이 자동화되는 추세이기 때문에 전기 관리는 무엇보다 중요하다. 특히 전기선과 전기 장치는 쥐가 갉아 먹거나 부식될 염려가 있기 때문에 전기 관련 장치가 외부에 노출되지 않도록 각별한 주의가 필요하다. 또한 온실 운영에 있어 가장 위험한 사고는 화재이므로 전기와 관련한 시설은 꼭 전문가에게 의뢰하여야 한다. 온실 운영 중 가장 안타까운 사고는 주로 '화재'로 인해 발생하기 때문이다.

SMART FARM 데이터 활용하기

오늘날 모든 산업에서 빅데이터 Big data가 단연 화두이다.

빅데이터는 디지털 환경에서 생성되는 데이터로 그 규모가 방대하고, 생성 주기도 짧으며, 수치 데이터뿐 아니라 문자와 영상 데이터를 포함하는 대규모 데이터를 일컫는다.

농업 분야에서도 빅데이터 기술을 활용할 수 있는데, 특히 우리나라는 산이 많고 각 지역별로 국지적인 기후 환경이 너무나 다르기 때문에 자신의 농장에서 측정되는 세부적인 데이터 정보를 가지는 것은 농업 경영에 있어 매우 중요하기 때문이다. 우리나라에서 빅데이터는 산업 전반에서 활성화되어 있지는 않으므로 지금으로서는 고성능의 복합환경제어장치가 아니더라도, 온도, 습도만이라도 자동으로 체크되는 기계만 있어도 훨씬 도움이 된다. 자신의 농장, 특히 작물이 자라고 있는 환경이라면 그에 대한 데이터는 매우 중요하다.

자신의 농장에 이미 복합환경제어장치가 있다면?

모든 스마트팜 복합환경제어장치에서 나오는 데이터는 엑셀로 확인이 가능하다. 마이크로소프트 Microsoft 프로그램들을 이용하면 다양한 데이터를 충분히 활용 가능하다.

필자는 마이크로소프트 Microsoft가 인정한 혁신 교사이다. 담당자로서 스마트팜 교육용 온실 2개를 건축한 후, 그 공간에서 작물을 키우는 데 있어 중요사항이 측정된 데이터를 활용하고 기록하는 일을 하기도 했다.

고객관계관리 CRM(Customer Relationship Management: 고객관계에 기반을 둔다는 의미이며, 경영관리 활동을 위해 고객확보 유지를 위해 현재 고객과 잠재고객을 파악하고, 고객들의 요구를 이해하고 예측 관리하기 위한 경영전략) 기능도 마이크로소프트 팀즈 Micrsoft Teams로 관리가 가능하다. 농장일지를 쓰게 되면 RPA(Robotic Process Automation:반복적이고 규칙 기반의 업무를 자동화하는 기술) 기능 덕분에 날짜별로 엑셀에 자동 기록이 가능하다. 이제는 더 이상 수기로 쓰지 않는다. 수기로 쓴다고 해도 그 내용들을 다시 보지 않을뿐더러 그래프화할 수 없기 때문에 유의미한 데이터로 사용할 수 없다.

Power BI(Microsoft에서 제공하는 강력한 데이터 시각화 및 분석 도구)를 사용하면 농장에서 측정된 다양한 데이터를 내가 원하는 방식으로 구축해서 활용할 수 있다. 더불어, 외부에서 수집된 API(Application Programming Interface: 소프트웨어 애플리케이션 간의 통신을 가능하게 하는 규칙이나 프로토콜의 집합) 자료를 연동한다면 다른 농장과 내 농장에 대한 정보를 비교 분석할 수 있다. 물론 공짜이다.

이미 많은 대기업 등 데이터 분석을 하는 기관에서는 Power BI를 사용하고 있고, 관련 자격증도 2024년에 출시되었다.

앞으로 작물을 체계적으로 재배하는 농장들이 보유한 데이터는 매우 중요하다. 농업 복합환경제어장치를 연구 개발하는 회사들이 각 농장의 데이터를 사게 되는 날이 곧 올 수도 있다.

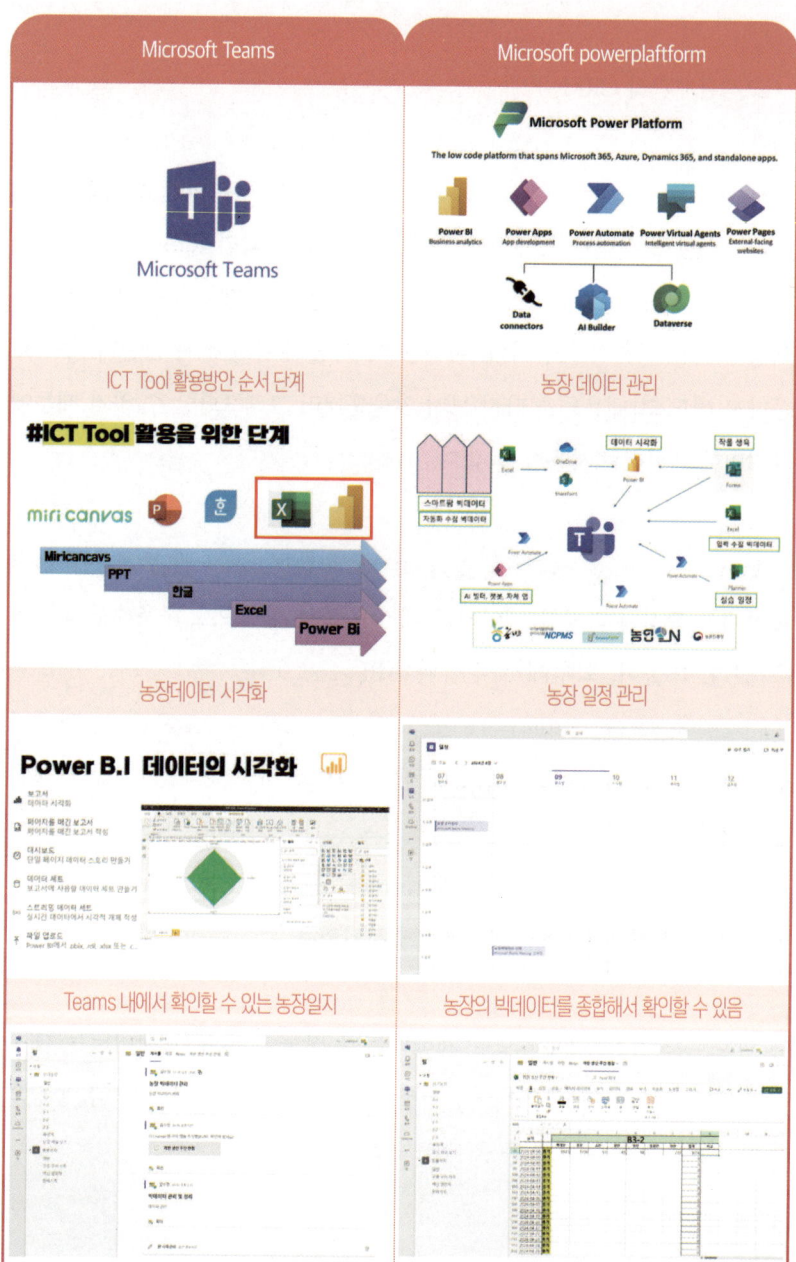

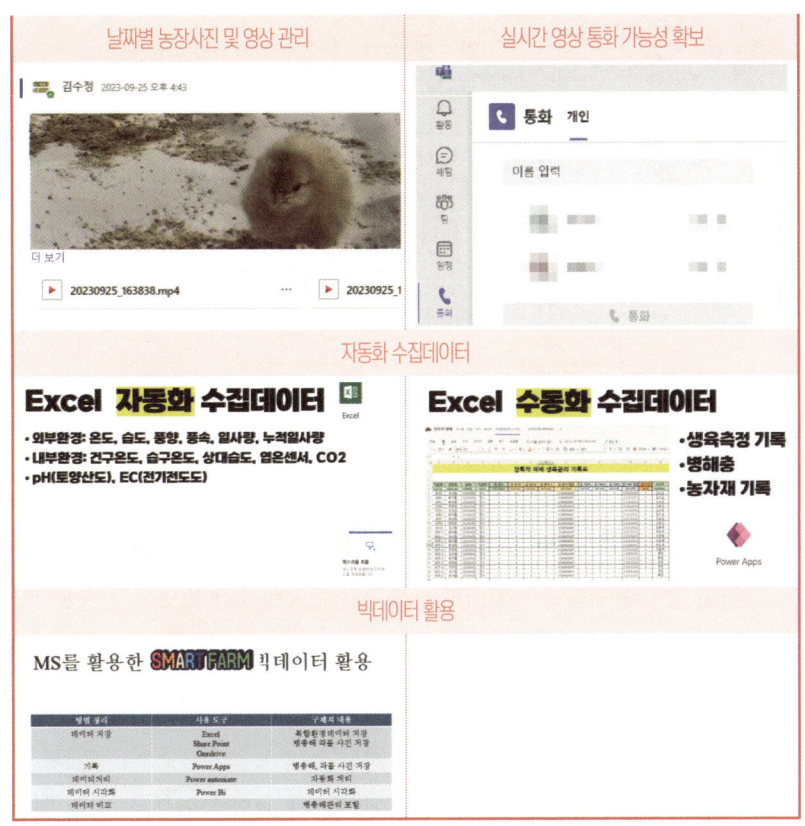

여러분의 농장 데이터를 엑셀로 어떤 요소를 기록할 것인가?

데이터를 기록하지 않으면 분석할 수 없다.

또한 다른 농장의 데이터를 가져온다고 해도 나의 온실 환경과 다르기 때문에 비교해서 분석하기란 매우 어렵다.

나의 농장을 3년 정도 누적기록해서 그 데이터를 이용한 예측모델, AI를 활용한 활용성도 무궁무진하다.

사실 종자의 유전적인 발현에 대한 데이터를 예측하여 기록하고 환경에 맞춰 확장하는 것이 가장 현실적인 데이터 분석활용방법 이라고 개인적으로 생각한다.

언젠간 종자 산업분야에 맞춤형으로 스마트팜을 활용할 수 있는 기회를 꿈꾼다.

13 창업 용어, 농업에 적용하기

다양한 창업 프로세스를 이해하자

세상에는 다양한 종류의 창업 아이템이 있고, 그에 따른 용어들도 다양하다. 그러한 창업 용어들을 농업이라는 특수한 분야에 맞게 변형시켜 적용하는 것도 의미 있는 일이다. 다양한 창업 프로세스를 이해하고, 다른 창업 분야의 용어를 가져와 농업 분야에 맞게 의미를 부여하여 가능성을 확장시켜 보자.

창업생태계의 다양한 용어들을 농업에 적용해 보면 농업으로 할 수 있는 요소들이 더욱 풍부해진다.

스타트업 (Startup)	혁신적인 기술과 아이디어를 보유한 설립된 지 얼마 안 된 신생 기업. 1990년대부터 미국 실리콘밸리에서는 일명 '닷컴 열풍'이 불었다. 당시 아이디어를 가진 예비 벤처인들은 너나 할 것 없이 실리콘밸리로 모여들었고, 이때 모인 기업들 중 투자를 받지 않은 상태, 혁신적인 아이디어만 있는 상태의 기업들을 '스타트업STARTUP'이라 정의하였다. 스타트업은 학계 및 전문가 별로 다양하게 정의하고 있으나, 공통으로 혁신적 기술과 아이디어를 보유하고 있고, 높은 성장 가능성을 보유하고 있는 신생 기업을 스타트업이라고 정의하고 있다. 출처 : [창업ZIP] 꼭 알아야 하는 창업 용어 스타트업, 린스타트업 ㅣ작성자 창업진흥원

린스타트업 (Lean Start-up)	 아이디어를 빠르게 시제품으로 생산한 뒤 시장의 반응을 통해 다음 제품 개선에 반영하는 전략. 사실 농업 분야에서 린스타트업을 하기란 쉽지 않다. 농작물은 빠르게 생산되지 않기 때문이다. 하지만 검증할 수 있는 부분을 예측하거나 사전에 구매 가능성을 측정하는 것이 중요하다. 최소한의 기능을 가지고 있는 서비스를 빠르게 개발하여 시장에 출시한 후, 고객의 반응을 수치화한 데이터를 기반으로 판단하고 제품의 개발 방향이 맞는지를 학습하여 끊임없이 서비스를 수정·개발해 나가는 프로세스이다. 출처 : [창업ZIP] 꼭 알아야 하는 창업 용어 스타트업, 린스타트업 |작성자 창업진흥원
피봇 (PIVOT)	사전적 의미로 '회전하다'라는 의미를 가지고 있는 피봇은 기존의 사업전략이나 제품에서 탈피하여 방향을 전환해 새로운 것을 만드는 것을 뜻한다. 출처 : [창업ZIP] 꼭 알아야 하는 창업 용어 딥테크, 피봇 |작성자 창업진흥원

1. 애릭 리스의 피봇 유형 10가지를 농업에 적용하기

피봇Pivot이란 '회전체의 중심점'이라는 스포츠 용어로서, 농구 경기에서 공을 선점한 선수가 공을 빼앗으려는 다른 선수를 피하기 위해서 한 발은 지탱한 채 다른 발을 계속해서 옮겨 딛는 플레이를 뜻한다. 에릭 리스는 이러한 플레이가 마치 스타트업이 본래의 비전은 유지한 채 비즈니스 모델을 변화시키는 과정과 유사하다며 피봇에 대한 정의를 새롭게 내렸는데, 이러한 개념을 농업 분야에도 적용해 볼 수 있지 않을까 생각하여 소개하고자 한다.

줌인 (Zoom-In Pivot)	특정 작물에 집중하여 그 작물을 주요 제품으로 만드는 것. 예를 들어, 다양한 작물을 재배하던 농부가 토마토에 대한 수요가 높다는 것을 발견하고 토마토 재배에 집중한다.
줌아웃 줌아웃 피봇 (Zoom-Out Pivot)	제품 라인을 확장하여 더 큰 시장을 타겟팅하는 것. 예를 들어, 한 가지 작물만 재배하던 농부가 다양한 작물을 재배하여 더 넓은 시장을 대상으로 타겟팅한다.
기술	농작물 재배 기술을 다르게 변경한다. 기술적인 측면에서 변화를 주는 것으로 예를 들어, 전통적인 재배 방법에서 스마트팜 기술을 도입한다.
플랫폼 피봇 (Platform Pivot)	제품을 플랫폼으로 전환하는 것. 예를 들어, 농산물을 오프라인에서 직접 판매하던 농부가 온라인 마켓플레이스, 농장마켓 등의 플랫폼을 구축하여 다른 농부들도 판매할 수 있도록 한다.
고객요구	특정 고객의 필요에 맞춰 제품을 개발하는 것. 예를 들어, 유기농 제품에 대한 수요가 높다는 것을 발견한 농부가 유기농 재배로 전환한다.
고객군 고객세분화	특정 고객군에 집중하는 것. 예를 들어, 일반 소비자를 대상으로 판매하던 농부가 식당이나 식품 가공 업체를 주요 고객으로 선택한다.
채널	유통구조 및 유통방법을 변경하는 것. 판매 채널을 변경한다. 예를 들어, 오프라인 시장에서 온라인 시장으로 전환한다.

가치 창출 가치 획득	농산물 판매 및 방법에 대한 기본적, 부가적 가치를 창출하는 것. 수익 모델을 변경한다. 예를 들어, 단순 판매에서 가공품 판매나 체험 농장 운영 등으로 수익 구조를 다양화한다.	
사업 설계 사업 구조	농업회사 운영의 사업설계의 변경하는 것. 예를 들어, 소규모의 프리미엄 시장을 대상으로 하던 농부가 대량 생산으로 저가 시장을 타겟팅한다.	
성장엔진	성장 전략을 변경하는 것. 예를 들어, 농작물 판매를 직접 판매에서 대리점이나 프랜차이즈를 통한 판매로 전환한다.	

| 실행 요소 |

실행 요소	확인하기	생각 적기
창업 용어를 이해하기	☐	
창업용어를 농업에 적용하기	☐	

2. TAM전체시장 - SAM유효시장, SOM수익시장 파악하기

농업 비즈니스를 위해서는 TAM-SAM-SOM이라는 개념을 파악해야 한다.

대부분의 비즈니스에서는 이 개념을 매우 중요하게 생각한다. 따라서 이 개념을 농업에도 직용해 체계성을 더해 보자.

무작정 재배하는 것이 아니라 전체 시장을 봐야 한다. 시장 규모를 파악하기 위한 요소를 기록하자.

"내가 생산하고자 하는 농산물과 농업 비즈니스의 시장은 어떠한가?"

숫자로 파악하고 기록해야 한다.

경영은 숫자로 말한다.

TAM (전체시장)	• TAM은 Total Addressable Market의 약자로 전체시장을 의미한다. • 농업경영의 아이템이 속해있는 시장 중 가장 큰 시장을 이야기한다. • 우리의 농산물, 제품, 서비스를 제공할 수 있는 시장의 크기를 나타낸다. • 예를 들어, 우리가 농작물 재배, 축산물 사육을 하고 있다면, TAM은 농작물, 축산물을 구매할 수 있는 모든 소비자들을 포함한 시장의 크기를 말한다. • 또한 농작물과 축산물의 가공품 서비스가 퍼질 수 있는 큰 시장의 크기를 말한다. 내 농작물을 소비할 수 있는 전체시장은 규모가 어떠한가?
SAM (유효시장)	• SAM은 Service Available Market의 약자로 유효시장을 의미한다. • TAM의 일부분으로 보다 세분화해서 본인의 비즈니스모델이 추구하는 시장을 의미한다. • 예를 들어, 우리가 농작물 재배, 축산물 사육을 하고 있다면, 배송 서비스가 특정 지역까지만 가능하다면, SAM은 그 지역 내에서 농작물, 축산물을 구매할 수 있는 모든 소비자들을 포함한 시장의 크기가 된다.
SOM (수익시장)	• SOM은 Service Obtainable Market의 약자로 수익시장을 의미한다. • SAM의 일부분으로 사업 초기 시장에 진입했을 때 타깃이 되는 시장을 의미한다. • 매우 세분화된 시장으로 본인의 아이템이 가장 잘될 수 있는 시장이다. • 당장 내가 살고 있는 지역에서 소비될 수 있는 시장이다. • 구체적으로 어디에 팔 수 있고 활용할 수 있는지 기록해 보자.

나의 농업회사의 TAM - SAM - SOM은 어떠한가?

14 사업자등록과 국가 지원사업

예비 창업자를 위한 혜택

처음 사업자등록증을 만든 후 3년 동안은 창업자를 위한 지원사업으로 누릴 수 있는 혜택이 많다.

나는 매번 K-Start up 사이트와 기업마당 사이트를 이용하여 지원사업에 대한 정보를 확인하는데, 정부에서 하는 지원사업은 주로 한해가 시작되는 시점에 진행되므로 사업자등록을 하는 데 참고하는 것이 좋다.

"사업자등록을 해야 할까?"

네이버 스마트스토어에 통신판매업을 하려면 사업자등록증이 필요하다.

농업인 중에는 사업자등록증이 없는 경우도 있지만 최근에는 농업에서도 사업자등록을 당연하게 여긴다. 또한 사업자등록을 하기 전 '예비 창업자'를 위한 혜택이 많이 있으므로 사업자등록을 처음 등록할 때 신중하게 해야 한다.

사업자등록은 인터넷으로도 쉽게 할 수 있기 때문에 일단 신청하게 되면 바로 창업자가 된다. 예비 창업자가 아니라 '창업자'가 되는 것이다. 사업자등록을 하는 순간 서류상으로는 창업을 했다는 증명이 되므로 창업을 한 사람으로 분류가 된다.

우리나라는 실제 창업을 한 사람보다 예비 창업자에게 훨씬 더 많은 기회를 준다. 그러니 그 기회를 통해 지원금을 받고 나서 사업자등록을 하기 바란다.

처음 창업을 시작할 때는 자금이 부족하다.

필자 또한 신사업창업사관학교라는 제도를 통해서 실제로 예비 창업자를 위한 지원금을 받았다.

후계농업경영인, 청년창업농은 경우 1%의 이자로 5억을 받고 5년 거치 후 20년 상환으로 빌려주는 지원금이었는데, 지원금이라고 하지만 결국 매우 저렴한 이자로 돈을 빌려주는 것이다.

창업 정보와 지원금에 대한 정보를 얻기 위해서 수시로 K-Startup, 소상공인마당, 기업마당을 방문한다.

중앙부처 및 지자체 창업지원사업 통합공고 바로가기

위 사이트에서는 창업 지원금을 받기 위해서는 창업자 본인의 능력과 아이디어의 우수성을 인정받아야 한다.

본인의 능력이라는 것은 그동안 창업을 위해서 준비했던 스토리, 객관적인 이력들이 뒷받침되어야 한다. 정량적인 수치로 확인하는 것이 중요하다.

"나의 아이디어로 창업 지원금을 받을 수 있을까?"

아이디어는 쉽게 생기지 않는다.

단순히 농산물을 생산해서 가공하고, 체험농장을 운영한다고 해서 선정되는 것이 아니다. 다른 누군가와 차별된 것이 분명히 있어야 한다.

6차 산업을 연계해서 선정된 사람들을 많이 보았다. 앞서 창업을 한 기창업자들이 실제로 그렇게 상품 지원금을 받았고, 이를 토대로 순조롭게 창업을 시작하고 일구어 나가는 모습도 꽤 많이 보았다.

개업형 창업 커피숍, 체험프로그램을 프랜차이즈로 발전시키거나 기술적으로 특화된 요소에 아이디어를 추가한다면 더욱 혁신적인 창업이 될 수 있다.

여러분도 자신만의 독특한 아이디어를 바탕으로 창업 요소를 끌어내 성공 창업에 한 발 더 가까이 다가갈 수 있길 바란다.

필자는 지금도 여러 사업계획서를 작성하고 있고, 무료로 컨설팅도 받으면서 사업계획서를 계속 피봇하고 있다. 사업계획서는 한번 작성하는 것으로 끝나는 것이 아니라 여러 번 고치고 점검하며 내용을 실제화시키기 위한 끊임없는 노력이 필요하다.

정부와 각 지역 1개의 지자체에서는 매년, 적게는 500만 원, 많게는 최대 1억 원까지 창업 지원금을 지원해 주고 있다. 대출이 아닌, 갚지 않아도 되는 순수 지원금이다.

위와 같은 다양한 지원사업이 있지만, 농산물 원물 자체 및 농산물을 이용한 가공 상품 등으로는 지원금을 받는 것이 쉽지 않다.

보통은 IT, 바이오 등 4차 산업 서비스 위주의 시원사업이 많기 때문에 현실적으로 지원을 받을 수 있는 분야는 신사업창업사관학교, 로컬크리에이터 과정이 대부분이다.

예비 창업자를 위한 지원사업은, 국가보조금인 경우 'e-나라도움', 지방보조금인 경우는 '보탬e' 사이트에서 시행되고 있다. 사이트에 처음 들어가 보면 매우 복잡하고 정신이 없게 느껴지지만, 자주 들어가서 천천히 익숙해지다 보면 자신에게 필요한 것을 찾을 수 있게 될 것이다.

앞서 말한 대로, 사업자등록을 하기 전 예비 창업자를 위한 지원금을 잘 알아보고 할 수 있는 모든 것들을 먼저 해보길 바란다. 크지 않은 금액이라도 대출을 받고 사업을 시작하게 되면, 수익이 발생하기도 전부터 매달 갚아야 하는 이자와 원금 때문에 온전히 창업에 집중하여 성과를 내는 것은 정말 쉽지 않다.

사업자등록을 하고 대출을 받을 생각이었다면, 먼저 엑셀로 창업을 하는데 들어갈 지출과 수익이 창출되는 시점까지의 과정 등을 차근차근 기록해 보고 시간과 비용을 계산해서 답을 내보면 언제 대출금을 다 갚을 수 있을지, 언제 레버리지를 창출해서 수익을 발생시킬 수 있을지 대략 알 수 있을 것이다.

아무리 저리의 대출이라도, 말 그대로 기적이 일어나지 않는 이상 생각처럼 쉽게 갚아지지 않을 것이 분명하다.

이러한 이유로, 절대 무턱대고 대출을 먼저 받고 창업하지 않기를 바란다.

사업계획서

사업계획서를 평가하는 심사위원을 위해서 깔끔하게 작성해야 한다. 그림, 표 등을 활용하여 가독성을 높이는 것이 좋다.

사업계획서 관련 교육을 많이 듣고, 나만의 기준을 가져야 한다.
컨설팅을 해주시는 분들의 스타일에 따라서 작성 방식이 저마다 다르기 때문에 결국에는 많이 배우고, 직접 작성하면서 자신만의 스타일을 구축하는 것만이 방법이다.

"사업계획서는 어떻게 써야 하는가?"

사업계획서와 관련된 파일 예시를 보면서 내가 가진 아이디어를 다듬어야 한다.
생성형 AI를 활용해서 충분히 사업계획서를 쉽게 가다듬을 수 있다.

| 실행 요소 |

실행 요소	확인하기	생각 적기
사업계획서 확인하기	☐	
K-Start up	☐	
기업마당 사이트	☐	

 사업계획서 쓰기에 도움되는 프롬프트 및 양식 바로가기

세금은 어떻게 해야 할까?

세금 관련 업무에 대해서는 홈택스 https://www.hometax.go.kr/ 사이트에 들어가 보면 자세히 알 수 있다.

회사에 다니며 월급을 받았을 때는 회계담당자가 알아서 해주던 일이었지만, 사업을 하게 되면 세금 및 회계에 관련된 업무에 대해서 직접 알아보고 확인을 해야 하므로 잘 알아 두어야 한다.

농산물 판매는 부가세 면세사업자이다.

부가세 면세사업자 종류

- 기초생활 필수 품목 : 곡물, 과실, 채소, 육류 등 가공되지 않은 식료품, 연탄과 무연탄, 수돗물, 여성 생리 위생용품
- 의료서비스(병원, 한의원, 치과), 여객 운송(고속버스, 비행기, 고속전철은 제외), 장의업(장례 대행 용역은 제외)
- 학원, 교습소(교육청 인허가 시 면세 가능)
- 신문, 도서, 잡지, 방송, 예술창작, 행사
- 동물원, 식물원
- 토지 공급, 인적용역, 주택 & 토지의 임대 용역
- 금융업, 보험업
- 국가가 공급하는 서비스
  - 국민주택과 국민주택 건설 용역
  - 우표, 인지, 복권, 공중전화
- 종교나 자선단체

농산물 판매는 비과세이다.

> 📢 **비과세사업자**
>
> 농업 소득은 소득세법에 따라 비과세 소득으로 인정됩니다. 주요 비과세 소득 항목은 다음과 같다.
>
> - 작물 재배업 소득 : 연 매출 10억 원 이하의 소득은 비과세이다. (식량작물 재배업의 경우 매출 10억이 넘어도 비과세이다.)
> - 농가부업 소득 : 농어민이 부업으로 경영하는 축산, 민박, 특산물 제조 등에서 발생하는 소득은 연 3천만 원 이하일 경우 비과세이다.
> - 임대 소득 : 논밭을 작물 생산에 이용하게 함으로써 발생하는 임대 소득도 비과세이다.

내 주위에는 생각보다 법인, 영농조합을 먼저 하려고 하시는 분들이 상당히 많으신데, 세금에 대한 이해도를 가지신 후에 해도 늦지 않다고 생각한다.

또한 매출이 3억정도 이상 된다면 그때 법인을 하는 것을 추천한다.

사실 농산물로만 매출 3억이면 어마어마하다고 생각한다.

개인사업자로서 회계, 세무 등을 경험하고나서 법인을 고려하는 것이 세금에 대한 이해와 자금활용부분을 익히는 단계가 아닐까? 라는 생각이 든다.

동업 팀빌딩은 어떻게 해야 할까?

동업은 필요할까?

생각보다 필요한 경우가 많다. 창업을 하게 되면서 만나게 되는 사람들과 더 확장된 일들을 할 수 있다.

동업을 하기 위해서는 동업계약서를 써야 한다.

여러 사람과 교류하며 자기 뜻과 맞는 사람을 만나도 사업적으로 연결되어 동업을 하는 것은 절대 쉬운 일은 아니다. 서로에 대해 잘 알고 친한 사이인데 동업계약서까지 써야 하나? 라는 생각이 들 수도 있지만 한 치 앞도 모르는 것이 사람의 일이다. 생각지 않은 변수가 생길 수도 있고, 갑자기 마음이 변하기도 하는 것이 사람이다. 사람의 마음은 쉽게 변할 수 있고 누구나 그럴 수 있다.

그렇기 때문에, 서로 간의 신뢰와 책임감을 더욱 높이기 위해 동업계약서를 쓰는 것이 좋다.

 표준동업계약서 양식 바로가기

영농조합, 농업회사법인 등 여러 사람들과 함께해야만 이루어지는 일들이 생각보다 많다.

동업을 위해서는 정말 많은 대화와 시간들이 필요한 것 같다.

사전에 많은 대화와 각자가 생각하는 가치관을 충분히 고려해야 한다.

팀빌딩이 원래 가장 어렵다고 하기 때문에 그 어려움의 당연함을 이해하고 "좋은 사람들과 함께한다"라는 믿음으로 차분하게 스스로를 가다듬어야 할 것 같다.

15 농업 발표하기

발표와 피드백으로 한 단계 성장하기

발표 자료 만들기

대중 앞에서 하는 발표는 누구에게나 떨리는 일일 것이다.

게다가 사업을 시작하고 처음 하는 발표라면 더욱 긴장되지 않을 수 없다. 그러나 자신의 농장을 소개하고 안내하는 것은 경영인의 필수 요건 중의 하나이기 때문에 어쩔 수 없이 극복해야 한다.

처음부터 잘하는 사람은 없다.

농업 기업가정신 역량 중 하나인 '진취성'을 발휘하여 일단 시작하고 하나씩 천천히 보완해 나가면 된다.

"나는 1년 안에 발표 자료 1개를 만들 거야"

"나는 2년 안에 OO 기관에서 우수한 농업사례를 만들 거야"

이와 같이 목표를 정해보자. 작은 목표부터 시작해서 조금씩 단계를 높여 하나씩 이루어내다 보면 결국에는 자신이 원하는 결과물을 만나게 될 것이다.

먼저 발표 자료를 만들고 주변 사람들에게 피드백을 받는 것도 좋은 방법이다. 두어 번의 확인을 거쳐 조금만 손보면 분명 훌륭한 발표 자료가 될 수 있을 것이다.

농업경영인으로서 열심히 살아온 사람이라면 이미 자신이 겪은 많은 스토리가 있을 것이다. 그것 자체만으로도 훌륭한 발표 자료가 될 수 있으므로 발표 자료를 너무 꾸미려고 하지 않아도 된다. 최근에는 단정한 서체폰트와 군더더기 없이 간결한 내용이 대세를 이루고 있다. 게다가 우리 농업인에게는 농작물 재배 과정을 담은 사진이라는 강력한 자료가 있지 않는가?

그러므로 평소 농작업에 대한 사진과 영상을 많이 찍어두는 것이 추후에 자신의 농장을 소개하거나 안내할 때 많은 도움이 된다.

1. 발표 진행 방식

- **발표 자료제작** : PPT는 15장 내외로 제작한다.
- **발표 시간** : 발표 시간은 5분 내외로 하는 것이 좋으며, 발표 후 질의응답을 5개 정도 진행한다.
- **채점 및 피드백** : 채점 기준표에 맞도록 채점한다. 각 발표자의 장단점을 기록한다.

2. 최고의 '농업회사' 선정대회

농업회사를 위한 발표 자료를 제작할 수 있다.

┃ 발표자료 제작 예시 순서 ┃

순번	PPT 순서	내용 설명
1	제목, 메인 표지	메인 제목, 농업회사명, 발표자, 발표 날짜
2	목차	설명 순서 ex) Ⅰ.Ⅱ.Ⅱ.Ⅲ.Ⅳ 1, 2, 3 Crtl+F10
3	농업회사 소개	농업회사 회사 기본적인 소개
4	농업회사자원 분석자료	시설 자원, 사회자원 등 자원분석자료
5	인력 및 마을 조직	인력 및 마을조직에 대한 구체적 조직 소개
6	농업회사 상품 설명 (1)	농업회사에 대한 개요
7	농업회사 상품 설명 (2)	농업회사에 대한 구체적 소개
8	농업회사 상품 설명 (3)	농업회사에 대한 금액
9	앞으로의 비전	농업 회사의 비전
10	마무리	끝인사, 맺음말

3. 자신감 있게 발표할 수 있다.

- **발표하는 사람** : 발표 내용을 적어본다. 진지한 태도를 유지한다. 발음을 또박또박 하도록 노력한다. 존댓말을 사용한다. 목소리를 크게 한다. 자기가 발표한 모습을 녹화해서 다시 본다.
- **듣는 사람** : 긍정적인 리액션을 보여준다. 발표자의 말을 중간에 끊지 않는다. 발표자의 중요 내용을 메모하여 기록한다.
- 채점 기준표를 활용하여 발표를 채점하고, 피드백한다.

채점 기준표

농촌 체험 자원 분석자료	인력 발굴 조사 및 마을 조직구성 조사	농업회사 설명	체험 가격의 합리성	합계
5-4-3-2-1	5-4-3-2-1	5-4-3-2-1	5-4-3-2-1	

발표 피드백

전체 평가

발표 준비, 발표 과정, 채점을 하면서 전체 과정에 대한 느낀 점을 쓰세요.

기업가정신 향상 질문

Q. 이 활동을 하면서 무엇을 느꼈는가?
Q. 이 활동을 준비하면서 가장 어려웠던 점은 무엇인가?
Q. 다음에 보완해야 할 사항은 무엇인가?
Q. 이 활동을 하면서 자신에게 칭찬해 주고 싶은 것은 무엇인가?

발표를 하고 나서 피드백을 받는 것은 매우 뼈아픈 일이지만, 분명한 건 그러한 피드백을 통해 더욱 성장하고 발전하게 된다는 사실이다. 그러므로 피드백을 받는 것을 두려워하기보다는 발전할 수 있다는 긍정적인 관점으로 상황을 보는 것이 필요하다.

PPT, 발표 자료를 갑자기 만드는 것은 매우 어려운 일이다.

처음부터 예쁘게 꾸미는 것에 중점을 둘 필요는 없다. 꾸미는 것보다 발표 주제와 전체적인 내용, 이야기의 흐름과 자신이 하고자 하는 이야기가 무엇인지가 더 중요하다.

	농업회사 발표대회 스토리보드 작성		
1	제목, 메인 표지	2	목차
3	농업회사 소개	4	농업자원 분석
5	인력 및 마을 조직	6	농업회사 설명 1
7	농업회사 설명 2	8	농업회사 설명 3
9	앞으로의 비전	10	마무리

 발표 대회 스토리보드 작성 양식 바로가기

16 카드뉴스 만들기

나만의 성장 스토리

농업경영의 스토리는 한순간에 탄생하지 않는다.

계속해서 쓰고, 기록하고, 다듬고, 고치는 과정을 겪으면서 추가적인 내용들로 이야기가 채워질 수 있다.

처음부터 만족할 수는 없다. 일단 시작하자!

일단 시작하면 자신만의 스토리가 만들어지고, 계속해서 수정·보완될 수밖에 없다. 직접 만들어 놓은 것이 아무것도 없이 업체에 맡기면, 나만의 이야기가 탄생할 수 없다. 스스로의 고뇌와 성찰이 들어간 이야기를 바탕으로 조금 부족한 부분은 전문가에게 도움을 받기도 하면서 만들면 된다.

부족하다는 생각은 하지 말고 진정성 있는 나만의 이야기를 시작하자.

이러한 이야기를 토대로 나만의 카드뉴스를 만들어 스토리를 이어 나갈 수 있다.

1. 카드뉴스란?

- 정보 전달의 기능을 하며, 한 칸에 한 가지의 짧은 정보를 전달하는 콘텐츠이다.
- 농장의 정보를 카드뉴스로 만들면 정보를 한눈에 볼 수 있어 가독성이 있으며 출력하여 포스터나 전단으로 사용할 수 있어 편리하다.

┃ 무료 지원 툴 ┃

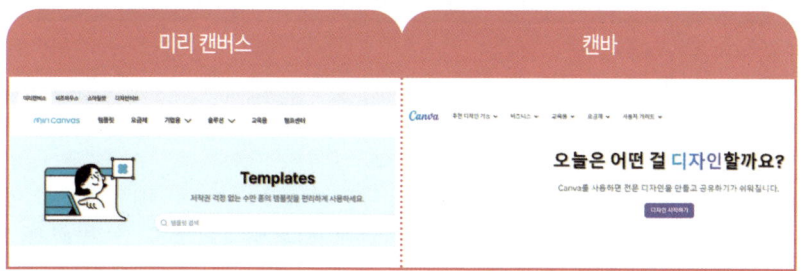

2. 활동 과정

❶ 1차 카드뉴스 만들기 ❷ 발표 ❸ 평가 및 의견받기 ❹ 2차 카드뉴스제작 ❺ 성찰

① 1차 카드뉴스 제작 (스토리보드 구성)

② 발표

[발표자] 발표는 5분 이내로 한다.

[청강자] 발표자에게 조언할 내용을 포스트잇 1장 이상 의견을 기입한다.
긍정적인 말로 표현한다.

③ 평가 및 의견 받기

발표자에게 포스트잇을 준다. 청강자에게 받은 내용 중 의문 사항이 있으면, 긍정적인 말로 질문한다.

④ 2차 카드뉴스 제작

평가 및 의견을 토대로 카드뉴스 자료를 수정한다.

⑤ 성찰

전체 활동 과정에 대해서 스스로 정리해 본다.

 예시

성찰
이 활동을 통해 (~)를 느꼈다. 카드뉴스를 만들 때 (~)를 느꼈다. 제작한 카드뉴스를 이용해서 발표할 때 (~)라는 생각이 들었다. 평가 및 의견을 받았을 때 OO가 (~)라고 이야기를 해주었는데, 이에 대해서 더 곰곰이 생각해 보게 되었고 다시 만들 때 반영하기로 했다. 2차로 카드 뉴스를 만들었을 때, 1차 때는 하지 못했던~에 대해서 집중적으로 생각했고 (부족했던 점)을 보완하기 위해서 (노력했던 점 구체적으로 이야기)를 했다. 이를 통해서 (변화된 감정)를 생각해 보게 되었고, 컴퓨터 활용하면서 만들어야 했기에 때문에 컴퓨터 활용에 대한 (~)라는 생각이 들었다.

✎ 적어보기

성찰

농촌진흥청에서 개발한 교육은 다음의 큐알 링크를 통해 참고할 수 있다.

17 상품 홍보하기

마케팅의 달인이 되어보자

1. 온라인 매체에 있는 상품 홍보 방법 검색하기

- 기존의 상품은 어떻게 홍보했는가?
- 다양한 SNS 서비스를 활용하여 매력적인 홍보 광고를 검색해 보자!
- 어떤 사례들이 있는가?

적어보기

업체명	이 홍보 광고가 매력적인 이유?

2. SNS를 활용한 농촌 체험 상품 홍보 스토리보드 쓰기

SNS에 올리기 전에 어떤 방식으로 홍보 글을 쓸지 스토리보드를 만들어 보자.

홍보 스토리보드	
목표	이 홍보를 하면서 얻고자 하는 바는 무엇인가?
단어	우리 농장의 농촌체험상품과 관련된 단어 10가지 이상을 써보자.
문구	우리 농장의 농촌체험상품을 알릴만한 홍보 문구를 작성해 보자.
사진	• 어떤 사진을 활용하면 좋은가? • 사진을 어떻게 찍으면 매력 어필을 할 수 있을까? • 한 장면 당 몇 장의 사진을 올릴 것인가?

2 스마트팜 기업가정신

질문 !?

- 어떤 단어와 문구를 사용하여 소비자에게 감동을 줄 것인가?
- 어떤 이모티콘을 사용할 것인가?
- 어떤 사진을 사용할 것인가?
- 해시태그(#)는 어떤 단어를 주로 사용할 것인가?

3. 온라인 매체를 활용하여 글 써보기

- **스마트폰으로 SNS 글쓰기** (어플설치→계정 가입→글쓰기)

• 컴퓨터로 SNS글쓰기 (가입→게시판 생성→글쓰기)

O이버 블로그 (section.blog.naver.com)	브O치 (https://brunch.co.kr/)
blog	brunch story
다양한 게시판 생성가능 영농일지, 농작물정보, 체험정보 등으로 구분하여 작성 가능	글 위주의 공간 지속적인 글쓰기로 인한 출판 사례가 있음

4. 평가 및 보완하기

완성된 글들을 보며, 평가하는 시간을 갖고 수정과 보완을 거쳐 마무리한다.

SNS를 키우는 것은 한순간에 되는 일이 아니다.

글쓰기와 사진찍기가 적성에 맞지 않으면 괴로운 일거리가 하나 더 늘어나는 샘이 된다. 하지만 요즘 시대에 SNS는 고객과 자연스럽게 만나고 연결되게 해주는 통로가 될 수 있기 때문에 조금 어색하고 힘들더라도 SNS를 천천히 시작해 보는 것이 필요하다.

요즘은 SNS를 활용할 수 있도록 하는 교육과 지원사업이 넘쳐난다.

SNS를 통한 온라인 세상에서 내가 경영하는 농장의 브랜드를 구축하고 활용할 수 있는 기회를 확장시켜야 한디.

오랜 기간 SNS를 사용해 왔지만, 그런 필자에게도 지속적으로 글을 쓰고 꾸미는 것은 쉽지 않은 일이다. 그렇기 때문에 SNS 관련 스터디를 진행하는 등의 강제성을 동원하여 사람들과 함께 이끌어 가는 것을 선택했다. 혼자 하면 귀찮고 힘들지만, 여러 사람과 서로 도와가면서 하면 지속성을 발휘할 수 있다. 그러니 SNS를 활용하여 자신의 브랜드를 넓게 펼쳐나갈 수 있는 기회를 마련할 수 있도록 자신에게 맞는 방법을 찾아 실천하기 바란다.

18 농업교육, 전문가의 생각

능력 있는 농업 전문가 되기

내가 꿈꾸는 6차 산업은, 온라인 농업교육과 연계된 건강한 농산물과의 만남이다.

내가 살고 있는 지역은 외지인들이 일부러 찾아 올 만큼 매력 있는 곳은 아니다. 부정하고 싶지만 사실이다. 유명한 관광지가 있는 것도 아니고, 교통이 편리한 지역은 더더욱 아니다. 지리적인 조건과 지역 상권을 냉철하게 분석하자면 좌절할 만한 수준이라 할 수 있다.

그래서 치열한 연구 끝에 '블렌디드 농업교육'을 생각했다.

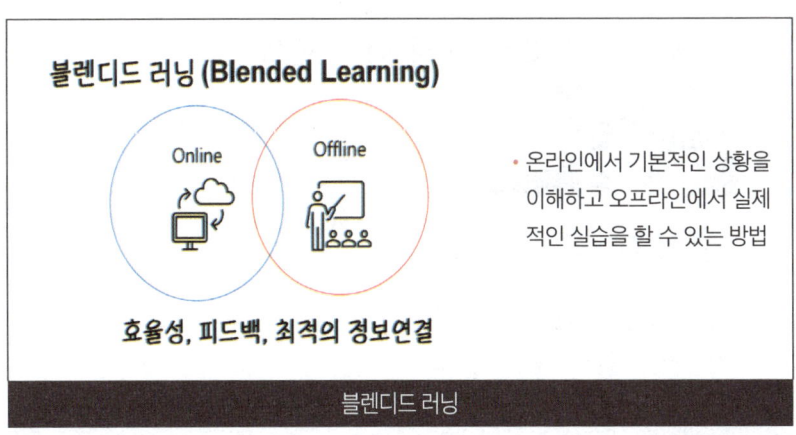

역량 있는 농업교사

어떠한 '교육'도 '교사의 질'을 넘지 못한다.

Teachable Moment(티처블 모멘트)
농업 기업가 정신

농업교육의 기초는 농업교사가 제일 잘한다.

- 어떤 농업 교사가 되고 싶은가?
- 어떤 교육을 학생들과 소비자에게 전달하고 싶은가?
- 어떤 가치를 안내할 수 있는가?

역량있는 농업교사

#농업회사 플레이 농업회사 역할 놀이

- 주기적인 회사 재편집
- 회사 규칙, 역할, 책임감

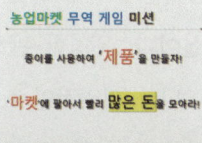
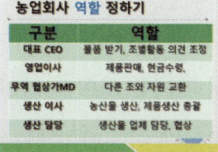

농업회사 플레이

#수도작 재배과정 카드게임

힘든 재미를 통해 느끼는
긍정적인 스트레스
순간은 스트레지만
결국, 보람, 성취감, 긍정적 자극

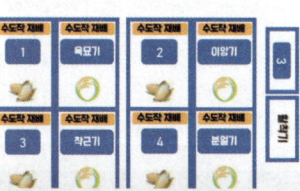

작물 재배 카드 게임

팜파티 수업+경영교육

가공식품+경영 교육

결국 농업교육도 '강사의 질'이 가장 중요한 요소라 할 수 있다.

대상자에게 맞는 다양한 프로그램을 개발하고 그에 따라 강사로서의 역량을 키워보는 경험은 매우 중요하다.

농업 교사 시절에 개발한 농업교육 프로그램들로 다양한 시행착오를 겪으며 데이터를 쌓았고, 이를 토대로 여러 농작물에 적용 가능한 수많은 방법과 사례들을 경험할 수 있게 되었다. 그때의 경험을 토대로 지금도 농업인으로서의 강사 역량을 키우기 위한 프로그램을 지속적으로 개발하고 있으며, 이를 실행하고 평가하며 끊임없이 발전하기 위해 노력하고 있다.

추후 농업교육 프로그램을 통한 사례집을 출간하게 되면 더욱 상세한 내용을 공유할 기회가 있지 않을까 기대한다.

교수학습 종류 세부 내용

교수·학습 자료(종류)		
☐ NIE	■ 스마트 기기(ICT)	☐ 교육 방송 자료
☐ 게임	☐ 그림, 사진 등 이미지	☐ 동영상
☐ 브레인스토밍	☐ 비주얼 싱킹	☐ 독서 토론지
☐ 시나리오 작성	☐ 마인드맵	☐ 3D 프린팅 설계 도안
☐ 도표 / 그래프	☐ 보고서	☐ 빔 프로젝터 슬라이드
☐ 설계 도면	☐ 음성 파일	☐ 실습 지시서, 실습 안내서 등
☐ 포스터 / 만화	☐ 일정표(계획서)	■ 기타(인터뷰)
■ PPT ☐ 사진 ☐ 삽화 ☐ 동영상 ☐ 기타 ( )		

   처음 농장체험, 농업교육을 위한 공간을 만들기 위해서 예산을 세우고, 견적을 받고는 고민이 많았다. 하나의 농장체험을 위해서 운영 및 관리에 필요한 비용과 운영을 위한 기본적인 상주 인원에 대한 인건비를 포함한 비용이 생각보다 많이 들었기 때문이다. 프로그램 시행 초기에는 아직 수익을 생각할 수 없는 실험적인 수준인데 처음부터 많은 비용을 들이기엔 부담이 클 수밖에 없다.

   이러한 이유로 프로그램 시행 초기에는 주변에 있는 기관이나 공간을 활용하는 것도 비용을 줄일 수 있는 하나의 방법이 될 수 있다. 사실 이것은 현재 내 이야기이기도 하다. 나도 마음껏 프로그램을 시행할 수 있는 나만의 공간을 갖고 싶고 언젠가는 그렇게 될 거라 믿는다.

농업교육, 농촌 체험 로직트리

농업교육과 농장에 관한 로직트리를 작성해 보자.

농촌 체험 기획에 관한 '로직트리'를 만들 수 있다. 로직트리란 마인드맵과는 다르게 여러 가지 아이디어를 누락 없이 수렴해서 구분하여 양산하는 방법으로 기본적인 구성 요소별로 아이디어를 양산한다.

- **필요 물품**: 포스트잇, 이젤 패드, 매직

농촌 체험 상품 방향 설정 로직 트리			
① 농촌 체험 상품 유형	자연 생태 체험		
	역사 문화 체험		
	경제/농촌 산업 체험		
② 농촌체험 활동 유형	사회활동	노는 것	
		만드는 것	
		배우고 익히는 것	
		키우고 재배하는 것	
	인간 행위	보는 것	
		먹는 것	
		자는 것	
		만지는 것	
③ 농촌 체험 활동 운영 요소	운영 시기		
	운영 대상		
	운영 시간		
	운영 인력		

 농촌 체험 로직트리 양식 바로가기

고객 요구 파악하기

고객들의 요구를 파악하기 위해서는 직접 만나거나 설문조사를 통해 확인해야 한다.

간단하게 링크를 만들어서 설문조사를 할 수 있다.

📢 유의 사항

- 사전에 구글, 네이버 설문조사에 회원으로 가입되어야 한다.
- 요구 조사 설문지 내용을 사전에 만들어 놓는다.
- 컴퓨터, 인터넷 연결이 가능한지 사전에 확인한다.
- 완성 후, SNS 통하여 배포한다.
- 설문조사 후 통계 정리를 한다.

설문지	네이버 폼
구글 설문지 이용하기	네이버 폼 이용하기
https://docs.google.com/	https://forms.office.com/

1. 설문지 만들기

- 구글 설문지 만들기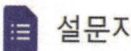

 구글 설문지 만드는 법 바로가기

- 네이버 설문지 만들기 _네이버 오피스_

 네이버 설문지 만드는 법 바로가기

설문지를 만들고 카카오톡, 페이스북, 인스타그램을 이용하여 질문의 답변을 받아보자.

2. SNS에 게시 후, 설문 작성 유도

 농산물 판매 설문조사 바로가기

- 페이스북
- 인스타그램
- 기타 블로그 등

3. 설문조사 끝난 후 통계 처리 확인

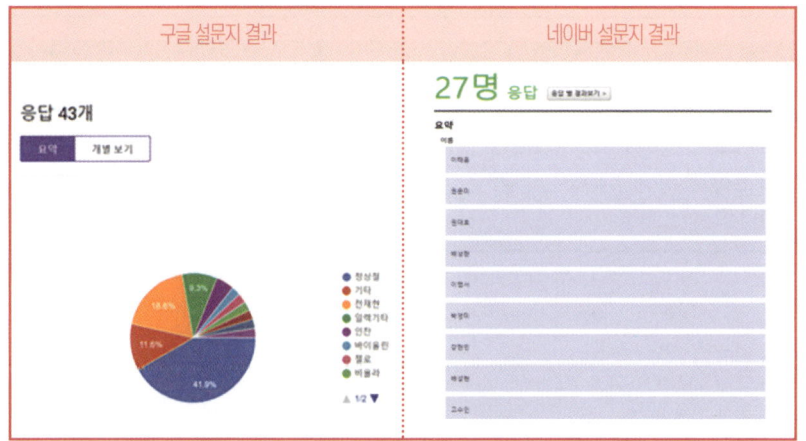

고객의 이야기를 들으며 피드백을 받아들이는 과정이 중요하다.

사실 대부분의 고객은 거의 반응하지 않는다. 특히, 맛이 없거나 기분이 좋지 않으면 응답하지 않는다. 그렇기에 고객으로부터 쓴 소리를 듣는 것은 마음이 상하는 일이기도 하지만, 부정적인 피드백이라도 주는 고객은 오히려 소중한 고객인 것이다. 다만, 이유 없이 트집을 잡거나 불평하는 블랙컨슈머 악성소비자도 있기 때문에 고객의 반응을 꼼꼼히 확인할 필요가 있다.

고객 세분화하기

고객의 특성에 따른 체험 상품을 이해하는 것이 중요하다.

1. 고객을 구분하고, 이에 따른 체험 상품을 '브레인 라이팅' 할 수 있다.

- **준비물**: 개인별 포스트잇 10개, 보드 1개
- **규칙**: 1인당 무조건 포스트 10개 이상 작성한다. 다양한 구분 및 기준을 통하여 모집할 수 있다.

포스트잇 작성법	포스트잇 작성 (예시 답안)			
체험 추천 추천 이유	케이크 만들기 달콤한 것을 좋아한다.	풍경 감상 스트레스를 풀 수 있다.	재배 체험 도시에서는 할 수 없는 농작물을 재배하는 경험을 할 수 있다.	

나이대별 기준은 다양하게 바뀔 수 있음 (ex. 성별, 거주지, 기타 등)					
나이	유치원	초등학생	중고등학생	20-30대	40-50대	60대 이상
포스트잇 붙이기						

2. 브레인 라이팅 결과를 가지고, 개별 학습지에 다양한 의견을 수집한다.

농촌 체험 상품개발 전략 수립	고객 세분화하기	이름 :
		농장명 :

구분	체험 상품 및 추천 이유
유치원	**작물 수확하기** : 손으로 만지면서 재미를 찾을 수 있다.
중고등학생	**재배실험** : 교과 학습과 연계할 수 있다 **노래** : 크게 소리 낼 수 있는 공간이 필요하다. **케이크만들기** : 10대는 배가 고프다. 먹는 수업이 제일 좋다.
20-30대	**커플 수업** : 커플 게임을 할 수 있는 수업을 해야 한다.
40~50대	**풍경감상** : 스트레스를 풀 수 있다.
60대 이상	**꽃꽂이 치료** : 손의 감각을 느끼게 하는 작업을 해야 한다. 관절 치료
활동 후, 최종 정리	

나이 별로 맞춰야 할 때, 직업 인터뷰를 해야 할 것 같다. 소비자의 마음을 더 잘 알아야 할 것 같다.

질문 !?

- 이 활동을 하면서 무엇을 느꼈는가?
- 이 활동을 준비하면서 가장 어려웠던 점은 무엇인가?
- 다음에 보완해야 할 사항은 무엇인가?
- 고객을 정확하게 파악하는 것이 왜 중요할까?

3. 농촌 체험 상품을 희망하는 "페르소나 Persona"를 찾을 수 있다.

일반적으로 페르소나는 '가면'이라는 뜻을 가진 라틴어로서 타인에게 파악되는 사회적 지위나 가치관을 말하며 농업 분야에서도 페르소나의 개념을 활용해 볼 수 있어 소개하고자 한다.

농촌 체험 상품의 특성과 구성 요소를 판단할 때 정확한 '페르소나'를 찾는 것은 소비자에게 만족도가 높은 농촌 체험 상품 활동을 개발하는 데 도움이 된다. 일반적이고 대중적인 소비자를 찾는 것보다 특정 소비자를 찾는 것이 중요하고, 소비자의 니즈, 관심사, 기대, 행동 패턴 등을 정확하게 파악하는 연습이 중요하다.

> "어떻게 파악할 것인가?"
> "어떻게 질문할 것인가?"

인간은 단순하지가 않다.

관심과 애정을 가지고 입체적으로 접근해야 한다. 넓은 관점으로, 성의 있게 관찰해야 한다. 우리 사회는 생각보다 다양한 구성원이 존재한다는 것을 새삼 깨닫게 될 것이다.

다양한 사례를 들여다보고 이를 토대로 더 깊이 있게 고민해 보자.

먼저, 페르소나를 찾는 것이 얼마나 중요한지 스스로 확신이 있어야 한다. 당신이 찾은 페르소나가 무엇인지에 따라서 농촌 체험 상품을 만드는데 있어 결과물의 만족도가 다를 수 있다.

페르소나 가설 작성	페르소나를 정확하게 하기 위한 기본 질문 사항
• 관찰 데이터, 인터뷰 데이터를 기반으로 한다. • 실제로 농촌 체험 상품을 이용할 사용자의 행동 패턴을 가상으로 설정하고 이를 바탕으로 제작해야 한다. • 각 페르소나의 행동 패턴은 명확히 구분돼야 한다. • 페르소나를 직접 인터뷰하거나, 가상으로 인터뷰이의 마음을 꿰뚫어 본다.	• 이 농촌 체험 상품은 어떤 특성을 가진 사람이 주로 이용하는가? • 각 농촌 체험 상품을 이용하는 그룹의 니즈와 행동 패턴은 어떻게 다른가? • 어떤 종류의 소비자 행동을 관찰해야 하는가? • 어떤 타입의 환경을 조사해야 하는가? • 어떤 종류의 활동을 좋아하는가?

4. 농촌 체험 상품을 희망하는 페르소나Persona를 정확하게 분석할 수 있다.

농촌 체험 상품개발 전략 수립	페르소나 찾기 (우리 농촌 체험 상품을 체험할 대상을 분석하자)	이름 : 강○○ 날짜 : 20XX년 X월 X일	
사진, 그림 PHOTO	페르소나에 대한 설명		
페르소나를 상상하며, 혹은 직접 인터뷰하며 그림을 그린다.	나이 : 30대 성별 : 남 사는 지역 : 서울 직업 : 공무원 취미 : 독서 성격 : 성격이 쾌활함, 감정기복이 있음	운동을 좋아하지 않음 다이어트에 관심이 많음 미혼임	
고객에게 추천하는 농촌 체험 상품 리스트			
체험명	이유		
숲속 산책하기	숲속을 산책히며, 자연의 맑은 공기와 기분을 느끼게 하여 감정의 편안함을 느끼게 함		
채소 비빔밥	다양한 채소를 섭취하며, 영양소 및 균형잡힌 식사에 대해서 생각하는 시간을 가지게 한다.		
팜파티	다양한 사람을 만나 볼 수 있는 시간을 가지며, 새로운 인연을 만나게 도와준다.		
흙, 독서낭독회	흙에 대해서 깊이감을 가질 수 있는 시간을 준다.		

 농촌체험 페르소나 찾기 양식 바로가기

농촌 체험 상품 실행전략수립	농촌 체험운영 매뉴얼표	책임자 :
		농장명 :

체험운영 매뉴얼표

체험 일시	년 월 일	(시간) 출발/ 도착시간			
체험 대상	체험 예상 인원 : 명 (남 / 여), 연령대 ( ) 체험 대상 특징 :				
유형 구분	활동				
	감각적 체험	감성적 체험	인지적 체험	행동적 체험	관계적 체험
프로그램 주제	☐ 시각 ☐ 후각 ☐ 촉각 ☐ 청각	☐ 심적 안정 ☐ 즐거움 ☐ 행복함 ☐ 기분 좋음 ☐ 기타( )	☐ 흥미유발 ☐ 새로운 사실 ☐ 탐구심 유발 ☐ 놀이 ☐ 기타( )	☐ 제작 ☐ 움직임 ☐ 노작 ☐ 관찰 ☐ 기타( )	☐ 친밀감 ☐ 공동체 ☐ 추억 만들기 ☐ 기타( )
프로그램 목표					
서브 자원	☐ PPT ☐ 사진 ☐ 삽화 ☐ 동영상 ☐ 기타 ( )				
식사/ 간식					
주차/ 이동방법					
필요 교구					
프로그램 비용					
일정과 동선					
체험 운영자의 역할 분배					

농촌체험 운영 매뉴얼표 양식 바로가기

농촌 체험 상품 사업성분석	농촌 체험 운영 매뉴얼표	책임자 : 김OO
		농장명 : 농고의 농장

체험운영 매뉴얼표

체험 일시	2025년 5월 24일	(시간 2시간) 출발 10 : 00 / 도착시간 12 : 00		
체험 대상	체험 예상 인원 : 30명 (남 : 16 /여 14), 연령대 (5세)			
	체험 대상 특징 : 말은 잘하지만, 서툴 수 있으므로 개개인별 도움이 필요함			
유형 구분	활동			
프로그램 주제	감각적 체험	감성적 체험	인지적 체험	행동적 체험	관계적 체험
	☑ 시각 ☐ 후각 ☑ 촉각 ☐ 청각	☐ 심적 안정 ☑ 즐거움 ☐ 행복함 ☐ 기분 좋음 ☐ 기타(　)	☑ 흥미유발 ☐ 새로운 사실 ☐ 탐구심유발 ☐ 놀이 ☐ 기타(　)	☐ 제작 ☑ 움직임 ☐ 노작 ☐ 관찰 ☐ 기타(　)	☑ 친밀감 ☐ 공동체 ☐ 추억 만들기 ☐ 기타(　)
프로그램 목표	자연을 느끼며 이와 관련된 농촌체험을 두 가지 할 수 있다.			
서브 자원	☐ PPT　☐ 사진　☐ 삽화　☐ 동영상　☑ 기타 (농자재)			
필요 교구	초화, 화분, 곤충잡기, 벼 관찰, 삽			
식사/간식	음료수			
주차/이동 방법	유치원 버스로 타고옴			
프로그램 비용	꽃 화분심기	벼 관찰		
	1인당 1,000원			
일정과 동선	꽃 화분을 심고, 벼 우렁이 알을 관창한다. 곤충을 잡는다.			
체험운영자 의 역할 분배	주 안내자 1명, 보조 진행자 1명당 유치원생 2명을 진행한다.			

5. 농촌 체험 활동 수업 진행 과정의 시나리오를 작성한다.

농촌 체험 상품개발 전략 수립	농촌 체험 활동 진행과정 시나리오	이름:
		농장명:

농촌 체험 유형		
대상		
활동 목표		
수업 준비물		

농촌 체험 활동 수업 세부 내용			
활동 단계	대화 내용	시간	비고
도입	인사	본인: 상대방:		
	ICE브레이킹			
	흥미유발			
	수업목표안내			
	수업도구안내			
전개	활동1			
	활동2			
마무리	이야기 나누기			
	정리 정돈 안내			
	끝인사			

 농촌체험 운영 시나리오 양식 바로가기

> **선생님의 질문 ⁉**
>
> - 이 활동을 하면서 무엇을 느꼈는가?
> - 이 활동을 준비하면서 가장 어려웠던 점은 무엇이었나?
> - 다음에 보완해야 할 사항은 무엇인가?
> - 이 활동을 하면서 자신에게 칭찬해 주고 싶은 점은 무엇인가?

농촌 체험 상품 개발전략 수립	농촌 체험 활동 진행 과정 시나리오	이름 : 김OO
		농장명 : A농장

농촌체험 유형	요리, 떡, 라떼, 차		
대상 / 인원	13세 학생 (초등학생)/ 20명		
농촌체험 목표	나만의 오곡파우더를 이용한 떡과 라떼 만들기		
주요 프로그램 목록	오곡 가루 만들기	오곡 찹쌀떡 만들기	오곡 라떼 만들기
수업 준비물	플라스틱컵, 숟가락, 빨대, 종이쟁반 오곡(찹쌀, 멥쌀, 콩, 참깨, 검은깨), 찹쌀떡, 설탕, 꿀, 우유 or 물, 얼음, 전자저울, 검은 펜, 레시피 종이		

농촌 체험 활동 수업 세부 내용			
활동 단계	대화 내용(진행자 - 체험자)	시간	비고
도입	**진행자** : 안녕하세요! 어제까지는 날씨가 좋지 않았는데, 오늘 여러분을 만나기 위해서 이렇게 날씨가 좋아졌나 보네요. 저는 오늘 여러분과 함께할 A 농장의 농촌 체험 지도사 OOO입니다. 반갑습니다(양손을 흔든다). **체험자** : 안녕하세요! **진행자** : 먼저 저희 농장을 찾아주셔서 감사합니다.	3	
	진행자 : 혹시 체험 농장을 해보신 분 있으신가요? 있으시면 손 한번 들어주시겠어요? **체험자** : (몇몇이 손을 든다) **진행자** : 그렇군요. 손 들어주셔서 감사합니다. 저희 농장은 다른 농장과는 다르게 직접 재배한 곡물을 이용한 체험농장이에요. 먼저, 이와 관련해서 초성 퀴즈를 한번 해볼까 해요. 화면을 보고 맞혀봐 주세요. 〈표: ㅆ | ㅋ | ㄱ〉	5	PPT 제시

활동 단계: 인사 / ICE 브레이킹

활동 단계		대화 내용(진행자-체험자)	시간	비고
도입	ICE 브레이킹	체험자: 쌀, 콩, 깨 진행자: 잘 맞혀 주셨어요! 맞습니다. 우리는 오늘 위와 같은 곡물을 이용하는 체험을 할 거예요.	5	
	흥미 유발	진행자: 자리에 있는 곡물통을 한번 봐주세요. 이 곡물은 어떤 종류일까요? 한번 먹어보면서 맞혀 볼까요? 체험자: 어머, 이거 고소하네~ 콩인가? 진행자: 5가지 곡물이 있는데, 이것은 어제 가루로 만든 제품이에요. 오늘은 이 5가지를 이용할 거예요.	5	
	농촌체험 목표안내	진행자: 오늘의 목표는 저희 농장에서 생산한 다양한 가루를 이용해서 나만의 다섯가지 곡물파우더를 만드는 거예요.	1	
	농촌체험 도구안내	진행자: 오늘 사용할 다섯가지 곡물이구요. 이것들은 만든 도구들입니다.(곡물과 도구를 가리킨다.)	1	
전개	활동 1 (오곡가루 만들기)	진행자: 첫 번째 활동은 곡물 다섯 가지를 활용한 '오곡가루' 만들기입니다. 총 20g에 맞춰서 곡물 파우더 레시피를 작성해 보세요. 정답은 없습니다. 만들어 보면서 중간에 내용을 수정해도 됩니다. 체험자: 얼만큼 넣는게 최선의 방법일까요? 진행자: 정답은 없습니다. 각자의 입맛이 다르니까요. 최선의 레시피를 한번 찾아보세요.	10	
	활동 2 (오곡 찹쌀떡)	진행자: 두 번째 활동은 오곡가루를 이용한 찹쌀떡 만들기입니다. 종이쟁반에 찹쌀떡을 나눠드릴게요. 먹기 좋을 만큼 나눠드릴테니, 첫 번째 만든 오곡가루를 활용해서 찹쌀떡을 만들어 보세요. 체험자: 오곡가루를 얼마나 넣어야 하나요? 진행자: 떡에다가 조금씩 넣어 보시구요, 드셔보시면서 양을 조절해 보세요. 떡은 오늘 아침에 만든 떡입니다. 따뜻하지요. 체험자: 네! 따뜻해요. 진행자: 만들면서 드셔보세요.	10	

활동 단계		대화 내용(진행자-체험자)	시간	비고
전개	활동 2 (오곡 찹쌀떡)	체험자 : (오곡 찹쌀떡을 조금 떼서 먹어본다) 고소하고 맛있네~ 진행자 : 드실만큼 드시구요. 비닐 봉투에 싸가셔도 됩니다.		
	활동 3 (오곡 라떼)	진행자 : 마지막 활동인 오곡라떼 만들기입니다. 처음 만들었던 오곡가루를 얼음, 설탕, 우유 or 물을 넣고 오곡라떼를 만들어 보세요. 체험자 : 얼만큼 넣어야 하나요? 진행자 : 우유 양만큼 가감하여 조절해 보세요. 체험자 : 이만큼 넣어야 하나? 잘 모르겠네요. 진행자 : 조금씩 타서 넣어서 드셔보시면서 결정해 보세요. 맛이 조금 부족하다고 생각되면 다른 가루를 추가해서 가감해도 됩니다.	10	
마무리	이야기 나누기	진행자 : 오늘 활동하면서 어떠셨어요? 체험자 : 재미있었어요. 처음 해보는 경험이었어요. 오곡가루가 다양하게 쓰이는 것에 대해서 알게 되었어요.	5	
	일지 기록	진행자 : 오늘 체험한 활동에 대해서 정리해 보는 시간을 가져볼까요? 활동지를 나눠드릴테니, 자유롭게 작성해 보세요.	10	활동지 나눠줌
	정리 정돈 안내	진행자 : 자신의 자리를 깨끗하게 정돈해 주세요. 쓰레기통은 벽쪽에 있습니다.	5	
	끝인사	진행자 : 앞으로 다양한 곡물가루를 활용해서 여러분만의 레시피를 만들어 보시면 좋을 것 같아요. 다음에 또 뵐게요!	5	

19 시설 장소 설정하기

농촌 상품 개발을 위한 조사

농촌 상품개발을 위한 장소 이동 거리 및 편의성을 조사할 수 있다.

지도, 교통, 여행 관련 홈페이지 또는 스마트폰 어플 등을 이용하여 해당 지역에 대한 정보를 파악할 수 있다.

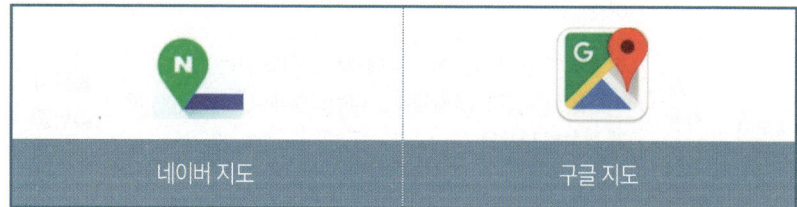

| 네이버 지도 | 구글 지도 |

1. 교통 접근성 (#서울역을 기준으로 교통 방법을 기술하시오.)

 예시

| 교통 편의성 | -버스 : 비용 15,000원 , 동서울역에서 (2시간)
-자가용 : 1시간 30분 |

2. 농촌 체험장 근처 가볼만한 장소

👉 예시

순번	활동명	장소	소요시간	비고
1	비빔밥	A 농장	1시간	
2	A지역 숲길 걷기	B지역 문화탐방	50분	
3	B지역 탐방, 체험	B지역 탐방소	2시간	

조사한 정보를 바탕으로 자신만의 '농촌 활동 이동 루트'를 제작할 수 있다.

👉 예시

농촌 체험 상품개발 전략 수립	농촌 체험 활동 이동 경로	이름:	
		농장명:	

시간	활동명	장소	소요 시간	이동 방법
09:00	출발	서울역		
09:00-11:30	이동		2시 30분	버스
11:30-12:30	농작물을 활용한 비빔밥 만들기 및 식사	A농장	1시	
12:30~12:40	이동		10분	도보
12:40-14:00	A 지역 숲길 걷기	A 산책로	1시간 20분	
14;00-14:10	이동		10분	도보
14:10~15:00	B지역 탐방	B지역 문화탐방	50분	
15:00-17:00	B 체험	B 탐방소	2시간	
17:00-19:30	이동		2시 30분	버스
19:30	도착	서울역		

농촌체험상품을 운영할 시설의 접근성 및 편리성, 안전성 등을 확인한다.

3. 시설의 접근성

- **교통편 확인** : 버스, 기차 등 대중교통 이용 가능성을 확인한다.

고속버스통합예매	https : //www.kobus.co.kr/main.do
코레일 기차예매	http : //www.letskorail.com/

- 농촌 체험시설과 주변 다른 기관시설의 이동시간을 확인한다.

① **네이버 지도를 이용한 이동시간 확인** (https : //map.naver.com/)

자동차, 대중교통, 자전거, 도보 등을 검색하여 시간 및 방법 등을 파악한다.

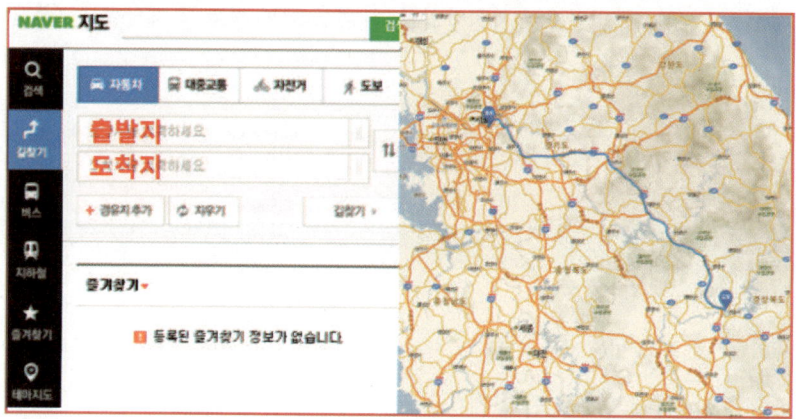

② **구글 지도를 이용한 이동시간 확인** (https : //www.google.co.kr/maps)

③ **여행플래너 사이트를 이용한 이동시간 확인**((https : //www.earthtory.com/ko/)

4. 시설의 편리성

구분	공공기관		관광지		음식		숙박시설	
시설명	OO도서관	OO보건소	OO체험장	OO박물관	OO음식장	A편의점	OO호텔	A모텔
거리 (차량)	1시간	10분	20분	1시간	15분	2분	20분	15분

5. 시설의 안전성

시설의 안전점검현황판을 작성하여 보유한다.

농장명:	농촌 체험 기관 안전 현황판	날짜:
		점검자:

점검내용	점검결과			"아니오"일 경우 세부 내용
	예	아니오	해당없음	
1. 시설안전				
• 창문은 열고 닫는데 힘들지 않나요?	☐	☐	☐	
• 시설 마감재는 탈락, 들뜸, 추락의 위험은 없나요?	☐	☐	☐	
• 옥외시설은 튼튼하게 지탱하고 있나요?	☐	☐	☐	
• 천장에서 물이 새는 곳은 없나요?	☐	☐	☐	
• 천장 마감재가 처져있지 않나요?	☐	☐	☐	
• 비상계단은 미끄럼방지시설이 설치되어 있나요?	☐	☐	☐	
2. 소방안전				
• 소화기는 유통기한을 지나지 않았나요?	☐	☐	☐	
• 소화기의 압력(눈금이 초록색에 위치)은 적정한가요?	☐	☐	☐	
• 피난유도선은 알아보기 쉽게 설치되어 있나요?	☐	☐	☐	
• 유도등, 유도표시 또는 비상조명등은 항상 불이 켜져 있나요?	☐	☐	☐	
• 휴대용 비상 조명등은 정상 작동하나요?	☐	☐	☐	
• 비상구는 쉽게 열리며, 피난통로에 장애물이 쌓여있지 않나요?	☐	☐	☐	
• 창문은 언제든지 열 수 있도록 되어 있나요?	☐	☐	☐	
• 화재시 문을 열수 있도록 사용설명서가 부착되어 있나요?	☐	☐	☐	
3. 보건·위생				
• 건강하고 쾌적한 실내 환경의 조성을 위해 청소, 환기를 자주하고 있나요?	☐	☐	☐	
• 오염물질(톨루엔 등)이 적게 발생하는 페인트·벽지 등을 사용하고 있나요?	☐	☐	☐	
• 청소 및 환경 시설은 잘 구비되어있나요?	☐	☐	☐	
• 손을 소독할 수 있는 시설이 마련되어 있나요?	☐	☐	☐	

20 가격 설정 및 가격 설정 요인

전략적인 가격 설정하기

가격 구성 요소	예시
운영시설비	건물 임대료, 건축비, 토지세, 칠판, 의자, 책상, 컴퓨터 등
운영간접비	전기세, 가스비, 수도료, 관련세금, 감가삼각비, 수선비, 보험비
인건비	진행자의 임금, 도우미 임금, 시간당 상여금 등
홍보./마케팅비	SNS 운영비, 홍보비, 전단지 제작비
체험 재료비	체험에 따라 지출되는 재료비

1. 가격의 중요성과 가격의 구성 내용

- **체험명** : 곡물체험 (20인 기준)

체험별 재료비 계산 예시

순번	재료명	단가 (원)	수량	금액(원)	비고
1	멥쌀가루	5,000	1	5,000	1kg
2	찹쌀가루	6,000	1	6,000	1kg
3	콩가루	5,000	1	5,000	1kg
4	검은콩 가루	6,000	1	6,000	1kg
5	참깻가루	7,000	1	7,000	1kg
6	플라스틱 컵	10,000	1	10,000	
7	빨대	5,000	1	5,000	남은 수량
8	종이	2,000	1	2,000	
	합계			46,000	

총 46,000원의 체험재료비가 지출되고, 1명 기준 2,300원이 지출된다.

2. 유사 체험 상품 가격분석

체험장명	체험 활동	금액	비고
A 농장	곡물 체험	10,000	
B 농장	곡물	15,000	
C 농장	곡물 체험	20,000	점심 포함

※ 다른 농촌 체험장의 전화 문의, 홈페이지 가격 확인 등을 통해서 체험활동별 금액을 확인한다. 이를 통해 주변의 물가에 큰 영향을 받지 않도록 조율하여 최종적으로 농촌 체험활동의 가격을 책정한다.

① 체험 상품에 따른 가격 구성을 세분화 할 수 있다. (엑셀프로그램 이용)

농촌 체험 상품개발 전략 수립	농촌 체험 상품 가격 요소 분석	이름:	
		농장명:	
1. 운영시설비			
구분	세부 계산 식	금액	비고
합계 ❶		0	
2. 운영간접비			
구분	세부 계산 식	금액	비고
합계 ❷		0	
3. 운영간접비			
구분	세부 계산 식	금액	비고
합계 ❸		0	
4. 홍보/마케팅			
구분	세부 계산 식	금액	비고
합계 ❹		0	
5. 체험재료비			
재료명	단가	수량	금액	비고
합계 ❺			0	
최종 합계 (❶+❷+❸+❹+❺)				

1인당 체험 원가 (최종 합계/평균 인원 수)	
다른 농장 평균 체험비	
최종 조율 금액	
이유	

② 농촌 체험 상품의 적정 가격을 조절하고 검토받는다.(관련 전문가, 체험상품 고객 및 타 유사프로그램 가격 수준에 따라 조정)

③ 전략적 가격 조정 방법에 대해서 설정할 수 있다.

농촌체험 전략적 가격에 대한 질문 !?

- 현재 책정한 1인당 체험 가격에 대해서 어떻게 생각하는가?
- 그렇게 생각하는 이유는 무엇인가?
- 가격은 언제 조정해야 하는가?
- 가격 할인은 어느 정도 해야 하는가?
- 가격을 할인했을 때 발생할 수 있는 문제점은 무엇인가?
- 다른 체험농장의 유사한 상품 가격은 어느 정도인가?

농촌 체험 상품개발 전략 수립	농촌 체험 상품 가격 요소 분석	이름:
		농장명

1. 운영시설비

구분	세부 계산 식	금액	비고
임대료	50,000원 * 1회 /30일	1,666	
사무기기 임대료	30,000원 *1회 /30일	1,000	
합계 ❶		2,666	

2. 운영간접비

구분	세부 계산 식	금액	비고
전기세	20,000원 *1 / 30일	667	
수도세	50,000원 *1/ 30일	1666	
관리비	30,000원*1회/30일	1,000	
보험비	56,000원*1회/30일	1,866	
합계 ❷		5,199	

3. 인건비

구분	세부 계산 식	금액	비고
주 진행자	50,000원 * 2시간 * 1명	100,000	
보조 진행자	30,000원 * 2시간 * 1명	60,000	
합계 ❸		160,000	

4. 홍보/마케팅

구분	세부 계산 식	금액	비고
페이스북	(15,000원 * 1회)/30일	500	월
합계 ❹		500	

5. 체험재료비					
재료명	단가	수량	금액	비고
멥쌀가루	5,000	1	5,000	1kg
찹쌀가루	6,000	1	6,000	1kg
콩가루	5,000	1	5,000	1kg
검은콩 가루	6,000	1	6,000	1kg
참깻가루	7,000	1	7,000	1kg
플라스틱 컵	10,000	1	10,000	
빨대	5,000	1	5,000	
종이	2,000	1	2,000	
합계 ❺				46,000	

최종 합계 (❶+❷+❸+❹+❺)	214,365
1인당 체험 원가 (최종합계/평균 인원수)	10,718.25
다른 농장 평균 체험비	15,000원~20,000원
최종 조율 금액	15,000
이유	체험재료비를 계산했을 때 1인당 원가는 은 약 10,718원 정도의 원가이다. 5가지 곡물을 체험해 볼 수 있고, 직접 가져가 볼 수 있다. 타 농장의 평균 금액으로 볼 수 있다.

엑셀프로그램을 이용하여 농촌 체험 상품의 월 매출액, 사업비용, 순수익을 구할 수 있다.

A. 월 매출액

월 매출액 1000만원이라고 하면, 1일 매출액을 산출해야 한다.

B. 농촌 체험 사업비용 분석

1) 일수별 사업비용을 잘 모를 때,
   사업 비용 일수 비율로 계산 : 임대료(3일)+공과금(3일)+인건비(6일)+재료비(10일) = 22일

2) 일수별 사업비용을 잘 알고 있을 때는 그 일수에 맞는 계산과정을 입력하면 된다.

C. 순수익 (매출액 - 사업비용)

농촌 체험 상품 사업성 분석	농촌 체험 상품 비용 및 매출구조 분석	이름: 농장명

A. 월 매출액						
날짜	체험프로그램명	체험 프로그램비 단가	체험객 수	횟수	금액	비고

월 매출액 = (A)

1일 매출액 = (A/30일)

B. 농촌체험 사업비용				
구분	계산과정	일수	금액	비고
임대료	(A/30)*3일	3		
공과금관리비	(A/30)*3일	3		
인건비	(A/30)*6일	6		22일
재료비	(A/30)*10일	10		
합계(B)				

C. 순수익 = (A/30)×8일 or 월 매출액(A) - 농촌 체험 사업비용(B)			
월 매출 (A)	농촌 체험 사업비용 (B)	순수익 C = A - C	비고

21 자기 관리 능력 키우기

건강한 신체와 정신은 창업자의 필수 요소이다.

대부분의 창업자도 마찬가지지만, 특히 예상하기 힘든 변수가 난무하는 농업 분야의 창업자는 하루에도 몇 번이고 멘탈이 부서지는 경험을 하게 된다. 발생할 수 있는 모든 상황을 예측하여 대비책을 마련해 놓아도, 불현듯 닥치는 어려운 상황들은 창업자의 멘탈을 무너지게 할 때가 많다.

"극한의 상황이 오면 어떻게 버틸 것인가?"

시련과 고난이 없는 삶이 있을까? 특히나 많은 도전을 거듭하며 실패와 성공을 통해 끊임없이 성장해야 하는 창업자에게 있어 시련과 고난은 당연한 과정일 것이다.

최근 치유농업이 발달하고 있지만, 정작 스스로의 마음은 돌보지 못하는 농업인도 많다. 힘든 시간이 찾아올 때 혼자서 괴로워하기보다는 나를 응원해 주는 가족이나 주변 사람에게 털어놓는 것도 마음을 다스리는 하나의 방법이다.

스스로에게 힘을 주고 자신을 돌보는 나만의 방식을 찾는 시간을 가져보자.

자기 관리 점검 질문	
신체 관리	휴식 시간 : 충분한 휴식시간을 가지고 있는가? 식사 : 규칙적이고 균형 잡힌 식사를 하고 있는가? 수분 섭취 : 충분한 수분을 섭취하고 있는가? 운동 : 정기적인 운동을 하고 있는가? 자세 : 농사일을 할 때 올바른 자세를 유지하고 있는가? 안전 장비 : 필요한 안전 장비를 모두 사용하고 있는가? 건강 검진 : 정기적인 건강검진을 받고 있는가? 휴가 : 정기적으로 휴가를 보내고 있는가?
마음 관리	스트레스 관리 : 스트레스를 관리하는 방법이 있는가? 스트레스 : 농사일로 인해 스트레스를 느낄 때 어떻게 하는가? 취미 : 취미나 개인적인 시간을 가지고 있는가? 사회적 교류 : 농사일 외에 다른 사람들과의 사회적 교류를 가지고 있는가? 정서적 지원 : 문제나 고민이 있을 때 상담하거나 이야기를 나눌 수 있는 사람이 있는가? 건강 관리 : 정신적 건강을 위해 필요한 관리나 치료를 받고 있는가? 자기 만족 : 현재의 농사일에 만족하고 있는가? 미래 계획 : 농사일에 대한 미래 계획이 있는가? 긍정적 사고 : 일상에서 긍정적인 사고를 유지하고 있는가? 자기 사랑 : 자신을 사랑하고 존중하고 있는가?

1. 신체 관리

자신의 신체 건강을 위한 다짐, 바람들을 써보자.

👉 예시

건강하고 튼튼한 신체 관리를 위해서 헬스장을 주 1회는 갈 거야.

✏️ 적어보기

1.

2.

3.

2. 마음 관리

자신을 위한 마법 같은 문장들을 써보자.

👉 예시

1. 더 좋은 일들이 분명히 생길 거야!
2. 나는 무조건 잘 될 수밖에 없어!

✏️ 적어보기

1.

2.

3.

22 스마트팜 운영자 역할자맵

내 주변에도 자원이 가득하다.

"내 주변에서 누구와 함께 할 것인가?"
"내 지역에서 누구와 함께 할 것인가?"

온실을 구축한 후 운영하고 있다고 생각해 보자.

아마도 농업경영자의 주변에는 온실을 구축하기 전후 모든 과정에서 인적, 물리적인 여러 자원이 각자의 자리에서 역할을 하고 있었다는 사실을 깨닫게 될 것이다.

1. 스마트팜 운영자 역할자맵 Smart Farm Actors Map

 스마트팜 운영자 역할자맵 바로가기

① 소개
- 역할자맵은 스마트팜 구성원 간 이해관계를 시각화하는 데 도움이 된다.
- 역할자맵은 스마트팜 전체의 운영 과정을 유기적인 관점에서 바라보고, 사람 간의 관계에 대한 이해를 돕는다.

- 인터뷰 기반의 맵핑 도구로서 특정 사람(스마트팜 CEO(나), 작물 구매 손님, 동네 주민, 스마트팜 수리 담당자, 담당 공무원, 작물 판매자, 농약 담당자)과의 가상 상황을 통해 전체적인 관계를 분석한다. 결과적으로 스마트팜을 운영하는 과정 중에서 각 역할의 이해를 돕고 다양한 이해관계를 유기적으로 시각화한다.
- 이 활동은 사람, 관계, 기관, 행정 등의 역할이 충돌하는 경우에 효과적이며, 상호 관계에 대한 이해를 향상시키고 스마트팜 운영을 함에 있어서 기획, 모니터링, 개선 방향 및 다중 이해관계자 간의 관계 조정 및 스마트팜 운영 실무 개입 및 실행 전략 분석에 효과적이다.

② 준비 사항
- **도구** : 이젤 패드, 포스티잇, 매직, 형광펜, 연필

3가지 고민하기

사람들	Q. 어떤 사람들(역할들)이 스마트팜 활동에 연관되어 있거나 참여하는가? 예 스마트팜 CEO(나), 작물 구매 손님, 동네 주민, 스마트팜 수리 담당자, 담당 공무원, 작물 판매자, 농약 담당자
역할 영향력	Q. 스마트팜을 하는 데 영향을 주는 사람 또는 집단은 누구인가? 예 작물구매 - 스마트팜 운영자, 농업 공무원 - 스마트팜 운영자 Q. 어떤 활동들이 스마트팜 운영에 연관되어 있거나 포함되어 있습니까? 예 누군가를 방해하고 것(빨간색) 지원하는 것(노란색), 명령받고, 돈을 주는 것(파란색), 정보 전달하는 것(초록색) 등
목표	Q. 목표를 설정하였는가? 예 부자 스마트팜 운영하기, 우리 스마트팜 알리기, 스마트팜 사업가 되기

③ 활동
- 이젤 패드에 스마트팜 운영에 영향을 주는 연관된 사람들역할을 생각나는 대로 한 명씩 포스트잇에 써서 붙인다. 각각의 사람들에 대해서 번호, 역할, 활동에 대한 내용을 쓴다.
- 사람들역할의 관계성을 '연필'로 표시한다.
  예 누가 누구에게 연결되어 있는가?, 누가 누구에게 돈을 주는가?, 누가 누구를 방해하는가?
- 두 대상이 무언가를 교환하면정보 양방향 화살표를 그린다.

④ 각 화살표에 번호를 기입하고 각 역할 영향력을 구체화한다.
- 각 역할 간의 상호관계성을 파악하는 단계이다.
- 영향력이 클수록 굵은 화살표를 표시한다. 그 이유에 대해서 토의한다.
  예 역할 간에 어떤 관계가 존재하는가?, 얼만큼의 영향력을 주는가?

⑤ 토의를 통해 분석된 영향력을 높이로 시각화한다. 영향력에 관한 정보는 계속 수정이 가능하다.
  예 "역할 X는 역할 Y에게 얼마나 영향을 미치는가?"

⑥ 위 단계의 분석을 거쳐 시각화된 역할자 맵 상의 서비스 네트워크 안의 상호관계성을 분석 및 보완한다.
  예 역할 A와 B가 협력하기 위한 방법들은 무엇인가? 앞으로 어떤 변화 가능성이 있는가?

2. 활동 정리

- 사람들 및 역할

 예시

사람들	사람 번호	역할, 활동
스마트팜 CEO '나'	1	스마트팜 농장을 운영하고, 전체적인 관리를 한다.
동네 사람 '현빈'	2	동네에 여러 역할을 담당, 정보, 혜택을 알려줌
농업 공무원 '장혁'	3	지원 사업에 대해서 알려줌
딸기 구매자 '노제'	4	주기적으로 농장 체험상품을 구매하는 고객
옆집 주민 '허니제이'	5	사과 재배하며, 옆집에 사는 농민
A 비료회사 '모니카'	6	A학교 담당 교사이며, 농촌 체험에 관심이 많아서 학생들을 인솔하여 데리고 옴
B 농약 회사 '윤정'	7	우리 농촌 체험 활동에 관심이 많고, 우리 농장에서 파트타임을 하고 싶어함
보조 교사 '공유'	8	나를 도와서 스마트팜을 보조해 주고, 사무 업무를 맡아줌

사람들	사람 번호	역할, 활동
홈페이지 관리 회사 직원 '잭슨'	9	월 1회 홈페이지 관리를 해주고, 스마트팜 작물 판매를 줌
농협 공판장 직원 '다니엘'	10	농산물 판매 때 주로 만나게 되는 담당 직원
B 소셜 커머스 직원 '성우'	11	개인 직판 때 문의 및 문제상황 발생 시 연락하게 되는 직원

• **역할 영향력**

 예시

관계 번호		어떻게 영향력을 미치는가? 어떤 영향을 주는가?
1	나 - 현빈	서로 동네에 정보를 전달한다. 가끔 나는 딸기를 준다.
2	나 - 공무원	농업정보를 제공 받는다. 농업에 대한 지원 사업에 대해서 알려준다.

• **목표**

예시

관계 번호		목표 서술하기
1	행정 원활	
2	기쁨	소비자에게 기쁨을 주기

　모든 것은 사람이 하는 일이다. 그리디 보니 농업경영인과 그 주위의 사람들과의 관계를 무시할 수 없다. 일반 다른 창업들에 비해서는 사람 간의 관계는 적은 편이지만 농산업도 사업이기에 작업을 할 때는 사람과의 관계가 적은편이지만 판매 및 여러 지역사회 활동을 할 때는 다른 분야와 다를 바 없다. 오히려 더 사람과 밀접하게 관계해야 할 때도 많다.

　따라서 주변의 상황을 유기적으로 고려해야 한다.

"내 주변에는 누가, 무엇이 있는가?"

23 매출, 경영비, 순수익 구하기

경영인으로서 체계성을 갖추자

엑셀 프로그램을 이용하여 회사의 월 매출액, 사업비용, 순수익을 구할 수 있다.

> A. 월 매출액
> 월 매출액 1,000만 원이라고 하면, 1일 매출액을 산출해야 한다.
> B. 농업회사 사업비용 분석
>   1) 일수별 사업비용을 잘 모를 때, 사용 비용 일수 비율로 계산 :
>   임대료(3일)+공과금(3일)+인건비(6일)+재료비(10일)=22일
>   2) 일수별 사업비용을 잘 알고 있을 때는 그 일수에 맞는 수식을 입력하면 된다.
> C. 순수익 (매출액-사업비용)

생각보다 많은 농업경영인들이 매출을 자신의 수익으로 생각하는 경우가 많다. 매달 돈이 일정하게 입금되는 경우도 있겠지만, 한 번에 몰아서 들어오는 경우도 있기 때문에 돈 관리, 회계 관리는 체계적으로 해야 한다.

한글 및 엑셀 프로그램 등 다양한 프로그램을 활용하여 체계적으로 기록하고 관리하자.

> **농업경영에 관한 질문 사항**
>
> - 농업경영 통장을 분할해서 관리하고 있는가?
> - 작년의 전체 매출 및 수익을 체계적으로 관리하고 있는가?
> - 농자재 구매 사항을 체계적으로 정리하고 있는가?
> - 자신의 인건비 계산은 일관되게 하고 있는가?

컴퓨터 프로그램으로 회계 관리를 하다 보면 수익과 지출의 높고 낮음을 구체적인 수치로 확인하게 되면서 뼈가 쓰리고 심장이 뛰는 경험을 하곤 한다. 회계 업무는 사업을 하는 데 있어 피할 수 없는 일이기에 언제나 철저하게 체계적으로 기록하고 관리해야 한다. 느낌만으로 대충 판단하기보다는 엑셀, 구글 스프레드시트 등의 프로그램을 활용하여 투명하게 관리해야 생각지 않은 비용이 발생하는 것을 최대한 방지할 수 있다.

24 농업 외 활동

세상을 향한 호기심이 나를 성장하게 한다.

농업을 하기로 결심하고 온실을 짓고, 본격적으로 농산물 재배에만 몰두할 수 있다면 좋겠지만 이제 막 창업을 시작한 초보 농업인, 게다가 규모가 크지 않은 경우에는 더욱 농업 외의 활동을 하지 않으면 경제적으로 운영이 어려운 경우가 많다.

다양한 수익모델을 고민하고, 어떤 분야에서 더 성공할 수 있을지, 더 많은 수익을 얻을 수 있을지 끊임없이 공부하고 실천해야 한다.

또한 사업장이 속한 지역사회에서 내가 해야 하는 역할에 대해서도 고민해 보아야 한다.

"나는 지역 사회에서 어떤 역할을 하고 있는가?"
"나는 이 세상에서 어떤 역할을 해왔는가?"

나에 대한 진정한 성찰이 사업가로서의 나를 한 단계 더 성장시킨다.

성찰하기

나를 알아야 한다.

자신의 분신과 같은 캐릭터를 운영하는 것은 하나의 회사를 운영하는 것과 같다. 자신만의 회사에 대한 정보를 수집하고 푹 빠져 보는 경험이 있는가?

자신이 가장 몰입하는 경우는 언제인지도 생각해 보자.

"나는 어떤 사람인가?"
"나는 무엇을 좋아하는가?"
"나는 내 자신에 대해서 얼마나 알고 있는가?"

1. 나에 대해 알고 있는 것을 쓰세요.

✏️ 적어보기

1. ....
2. ....
3. ....

창업을 하면서 내가 가진 강점과 약점에 대해서 더 뼈저리게 읽게 된다.

특히나 부족하고 혼자할 수 없다는 것을 더 알게 되는 것 같다.

그래서 직원을 채용하고, 주위 사람과 협업하는 것 같다.

나를 아는 것

그것 자체가 창업의 한 요소인 것 같다.

상대방을 알아야 한다.

내 주변에는 어떤 사람들이 있는가? 내 주변을 둘러싸고 있는 가까운 사람들부터 먼저 파악해 보자.

2. 상대방에 대해 알고 있는 것을 쓰세요.

🖉 적어보기

1. ....
2. ....
3. ....

3. 세상에 대해서 알고 있는 것을 쓰세요.

🖉 적어보기

1. ....
2. ....
3. ....

세상의 트렌드를 확인해야 한다.

세상의 변화를 읽지 못하면, 빠르게 변화하는 이 세상의 흐름을 따라갈 수 없다.

"내가 알고 있는 세상의 변화는 무엇인가?"

25 고객 관리하기

엑셀 프로그램을 간편하게 관리하자

고객 관리는 어떻게 할 것인가?

설마 아직도 고객관리 명부를 수기로 작성하고 있는가? 그렇다면 당장 엑셀로 다시 작성할 것을 권한다.

사업이 확장되고, 업무의 자동화 툴이 많은 이 시대에 관리를 위한 체계성, 편리성을 갖는 것은 매우 중요한 일이다. 엑셀 프로그램에는 다양한 기능이 있기 때문에 우선 내용을 모두 기입해 두고 추후에 적절한 기능을 활용하여 필요에 맞게 사용하면 된다. 그러니 일단 모든 데이터를 꼭 전산화하자.

컴퓨터를 많이 사용해 보지 않았다면 처음에는 당연히 쉽지 않겠지만 일단 사용 방법을 익혀두면 훨씬 빠르고 정확하게 데이터 관리를 할 수 있다. 필자의 시아버지도 65세가 넘으셨는데, 처음에는 엑셀에 입력하는 것을 어색해하셨지만 지금은 아주 쉽게, 더 효율적으로 잘하고 계신다.

이처럼 내 주변에는 80세가 넘었는데도 컴퓨터 활용을 잘하는 분들이 많다.

뇌는 성장형 사고방식과 효율성을 위한 측면도 발달되기 때문에 익히고 연습하면 뭐든지 다 할 수 있다. 나이 탓은 핑계일 뿐이다.

마이크로소프트사Microsoft에서 나이와 상관없이 사용할 수 있는 편리한 기능을 만들었고, 실제 우리가 주로 쓰는 것들도 대부분 간단한 기능들이다.

이렇게 모든 데이터를 전산화하게 되면, 농산물 재배와 운영에 있어 경쟁업체의 상품 특성과 운영 방식을 분석할 수 있고, 따라서 우리 농장만의 차별성과 경쟁력을 도출할 수 있다.

앞서 분석한 자료를 토대로 고객 유치 및 관리 방식을 계획하고 설정한다. 최근에는 네이버 스마트스토어 등의 오픈마켓과 인스타그램, 페이스북, 블로그 등의 SNS를 활용한 시장이 활성화되어 있기 때문에 다양한 방식으로 연구하고 우리 농장이 나아갈 방향성을 모색해야 한다.

다음은 고객 유치 방법을 다양한 활동 사례에 비춰 예시를 나타낸 것이다.

1. 고객 유치 방법

구분 / 방법	세부 방법 및 방침
문자메시지	농장 홍보 방법, 상품홍보 안내 문자
네이버 스마트스토어	스마트스토어 상세페이지 관리, 이벤트 관리
페이스북	매주 목요일 페이스북 글 올리기, 사진 2개 포함
유튜브 영상	매월 1번 유튜브 영상 올리기
인스타그램	2일 1번 사진 올리기
영농일지	매주 2회 작성, 블로그 작성
전문 사진 촬영	1년 1회
박람회	박람회 2회 참가
전단지	1년 1회 제작
기타	유튜브 영상 제작 및 사진 촬영 기법에 대한 방법에 대해서 배워야 할 것 같다.

① **고객 관리 1년 계획**

구분	1월	2월	3월	4월	5월	6월	7월	8월	9월	10월	11월	12월
문자 메시지					체험							
페이스북					매월 2주							
유튜브 제작					금요일							
영농일지					영농일지 작성 매주 2회							
전문 사진촬영									사진 촬영			
박람회 참석				신청		귀농 귀촌 박람회					식품박람회	
전단지									제작			

② **고객관리 월 계획**

주	일	월	화	수	목	금	토
[5월] 고객 관리 계획							
1					페이스북□		
2		문자□			페이스북□		
3					페이스북□		
4			박람회 신청□		페이스북□	유튜브□	
5					페이스북□		

2. 고객별 관리표

- 고객별 관리 사항을 엑셀로 정리한다.
- 개인정보를 취득할 시에는 개인정보 동의서를 받는다.

고객명	전화번호	성별	나이	참여체험		안내 문자	특이사항
				날짜	체험명		
김OO	010-000-0000	남	20대	4/25	두부 만들기	3/24	박람회에서 정보 알고 계심
김OO	010-000-0000	여	30대	4/25	두부 만들기	3/24	유튜브에서 정보 알고 계심
박OO	010-000-0000	여	20대	4/25	두부 만들기	3/24	전단지 보고 오심

고객 이벤트 계획하기

어떤 사업이든 고객을 감동하게 하는 것이 경영의 지속성을 만드는 것이다. 어떻게 하면 고객을 감동시킬 수 있는지 생각해 본적이 있는가? 우리가 고객의 입장이었을 때 판매자에게 감동을 받았던 경우를 생각해 보면 고객이 어떨 때 감동하는지 등의 아이디어를 떠올릴 방법이 될 수 있다.

약간의 터치, 약간의 넛지(옆구리를 슬쩍 찌르는 것)만으로도 친밀감이 일어난다. 친밀감을 통해 마음이 열리고, 질 좋은 상품에 감동한 고객들의 입을 통해서 자연스레 홍보가 시작된다. 처음 한 명, 두 명의 고객을 놓치지 말고 최선을 다해 감동을 주자.

1. 다양한 정보를 통하여 고객 관리 계획을 세운다.

- 나의 고객은 주로 어떤 사람들인가? 구체적으로 파악해 보자.
- 고객의 말을 귀담아 듣자.
- 불평을 말해주는 고객은 극히 드물다. 감사히 여기고 경청하자.

📢 **고객 이벤트 tip!**

"행운의 고객에게 선물을 드립니다"
- 고객의 마음을 아는 것은 매우 중요하다.
- 다양한 활동을 통해서 고객이 원하는 것을 파악하고 이벤트를 만들어 보자.

① **행운의 고객을 위한 질문 만들기**

- **금지 질문**: 어떤 활동을 하고 싶으세요? 뭐 가지고 싶으세요? 무슨 체험하고 싶으세요? 사람의 취향은 다양하기 때문에 누구나 만족할 만한 이벤트를 만들기에 적당한 질문이 아니다.
- **추천 질문**: 포괄적인 질문, 연속적인 질문 "왜?"라는 질문을 통해 고객의 숨은 의도와 맥락을 깊이 있게 파악할 수 있다. "또"라는 질문을 통해 생각을 확장하고 창의적인 아이디어를 도출할 수 있다.

🎁 행운의 고객 이벤트 질문 tip!

- 일이 없는 여가 시간을 어떻게 보내시나요?
- 혹시 좋아하는 일은 어떻게 되시나요?
- 최근에 즐거웠던 순간은 무엇인가요?

② SNS를 활용한 지속적인 소통, 그리고 글쓰기

- 인스타그램과 같은 SNS 계정에 소소한 글이라도 꾸준히 써야 한다.
- 다른 사람이 보는 것이 걱정된다면, 일단 비공개로 시작하자.
- 컴퓨터도 좋지만 스마트폰으로도 얼마든지 글을 쓸 수 있다.
- 글쓰기가 어렵다면 농작물이 커가는 사진을 올리는 것도 좋다.
- 평소에 조금이라도 글을 쓰는 습관을 들이자.
- 한 번에 잘하는 것은 없다.
- 글쓰기에는 돈이 들지 않는다.
- 네이버 블로그, T스토리, 워드프레스 등의 플랫폼을 활용하자.
- 농작물 자체가 훌륭한 콘텐츠가 됨을 잊지 말자.
- 내가 공부한 자료들이 훌륭한 자원이 된다.
- ChatGPT로 글쓰기에 도움을 받는 것도 좋다. 적극 활용하자.

마이크로소프트사의 인공지능 검색 기능인 빙 코파일럿 Bing Copilot 을 이용하면 챗지피티 ChatGPT 4.0을 무료로 사용할 수 있다. 챗지피티를 한번도 사용해 보지 않았다면, 지금 당장 사용해 보길 강력히 추천한다.

사용해 본적이 있다면 체크 ☐

무언가 배우고 습득했다면, 즉시 활용해 보아야 한다. 꾸준히 해보면서 나만의 방식을 찾고 내 것으로 만들어야 한다. 미래의 농업 산업은 첨단 시스템으로 더욱 발전할 것이기 때문에 이러한 시대에 발맞추어 보다 적극적으로, 끊임없이 배우고 도전해야 한다.

③ 스스로 정리하기
- 농업 이론→PPT 제작→발표→블로그 탑재
- 농업 이론→공책 정리→스캔→발표→블로그 탑재
- 농업 실습→공책 정리→녹음→블로그 탑재
- 이론 과제 제시→공책 정리→녹화→유튜브 탑재

한가지 콘텐츠를 작성하고 나면 그것을 여러 플랫폼에 반복하여 업로드 하는 것이 기본적인 마케팅 방식이다. 콘텐츠 하나를 잘 만들어 놓으면 그 내용을 Ctrl+C복사하기 ⇨ Ctrl+V붙여넣기하여 여러 플랫폼에 공유할 수 있으니 얼마나 쉬운가? 하나의 콘텐츠로 서너 개 이상의 플랫폼을 운영할 수 있다. 그러니 어렵다고 생각하지 말고 하나씩 해보자. 충분히 할 수 있다.

농장 브랜드화 홍보 스토리 작성하기

SNS는 홍보를 위한 기본적인 수단이다.

최근 60대 농업경영인을 만났는데, SNS를 하는 것이 힘들다고 푸념을 하였다. 무엇이 그를 힘들게 만들었는지 궁금해져 그가 운영하는 블로그를 함께 보게 되었는데, 그가 작성한 농산물 재배에 관한 포스팅에 댓글이 10개 이상 달렸고 그 댓글에 일일이 답을 하자니 어렵게 느껴졌던 것이다.

생각보다 많은 사람들이 농업에 관한 정보와 농업 경영주의 노하우에 대해서 궁금해한다. 조금 귀찮고 힘들더라도 이러한 댓글에 간략하게 답을 하면서 친밀감을 쌓다 보면 팔로워 수가 조금씩 늘게 되고, 그것이 곧 고객을 유치하는 경로가 되기도 한다.

자신이 올린 글이 별로 반응이 없다고 생각해서 의욕을 잃고 SNS 운영을 포기하는 경우가 많다. 또한 남들보다 더 멋지게 꾸며야 한다는 압박감으로 완벽하게 하려다 보니 오히려 포스팅이 늦어지고, 작성해야 할 콘텐츠가 쌓이고, 그러다 보면 꾸준히 하는 것이 더욱 힘들어진다. SNS 운영은 완벽함보다는 꾸준함이 훨씬 더 이익이다. 관련해서 수많은 선배 SNS운영자들의 강의를 찾아 들어보면 모두가 한목소리로 얘기한다.

"그냥 하면 된다. 꾸준히, 습관처럼 하면 된다."

SNS는 어떤 알고리즘을 타고 갑자기 조회수가 급상승하는 경우도 있겠지만 대체로는 내가 원하고 소비자가 원하는 그 연결고리 속 소통의 줄이기도 하다.

요즘은 SNS가 없으면 세상 속에서 나의 존재감을 알리기가 쉽지 않다. 매일 일기를 쓰듯이 자신이 겪은 일과 접해보았던 다양한 농산업 정보에 대해서 기록하는 것을 습관화하자.

1. SNS를 활용한 농업회사 홍보 스토리보드 쓰기

SNS에 올리기 전에 미리 어떤 글을 올릴지 스토리보드를 써보자.

홍보 스토리보드		
목표	이 홍보의 목표는 무엇인가?	
단어	우리 농장의 농업회사와 관련된 단어 10가지는?	
문구	우리 농장의 농업회사를 알릴만한 홍보 문구는 무엇인가?	
사진	어떤 사진을 찍고 싶은가? 사진을 어떻게 찍을 것인가? 사진은 몇 장씩 올릴 것인가?	

📢 **스토리보드 작성 시 유의 사항**

- 어떤 단어와 문구를 사용하여 소비자에게 감동을 줄 것인가?
- 어떤 느낌의 이모티콘을 사용할 것인가?
- 어떤 사진을 사용할 것인가?
- 해시태그(#)를 할 단어들은 주로 무엇인가?

2. 직접 온라인 매체 활용하여 글 써보기

핸드폰으로 SNS글쓰기(어플 설치→계정 가입→글쓰기)

인OOO램(https://www.instagram.com/)	페OO북(https://www.facebook.com/)
Instagram	facebook
사진을 예쁘게 찍는 것이 중요하다. #해시태그를 꼭 입력하자.	사진, 글쓰기 중심 글을 쓸 때, 줄 띄우기를 하자.

나는 어린 시절부터 SNS을 활용해 왔다.

프리챌이라는 커뮤니티가 있던 시절 운영을 해보기도 했었고 싸이월드는 물론, 최근에는 인스타그램, 페이스북, 네이버 카페, 유튜브 등 거의 모든 플랫폼을 활용하고 있다. SNS에 엄청난 에너지를 쏟고 있지는 않지만, SNS는 기본적인 마케팅 툴이기 때문에 최소한의 시간을 쓰면서 최대의 효과를 얻고자 하는 방향성을 가지고 SNS의 장점을 잘 활용하고 있다. 처음에는 기능을 익혀야 하기 때문에 시간이 조금 걸리지만, 하다 보면 그동안 해온 다른 일들에도 익숙해진 것처럼 점차 익숙해질 것이다.

3. 전문가에게 전화하기, 메일 보내기

많은 사람들이 선배 농업인이나 멘토 농업인에게 무턱대고 전화하는 경우가 있다. 마음씨 좋은 멘토 농업인들은 자기 시간을 쪼개서 여러 가지의 상담을 해주신다. 내가 만나본 어느 선배 농업인도 정말 무료로 봉사를 많이 하시는데, 여타 다른 창업 분야에서는 이런 사례를 보기가 쉽지 않다. 유독 농업 분야에서 이렇게 시간을 내고 마음을 써주는 경우가 있는데, 앞으로 이러한 관행은 바뀌어야 한다고 생각한다.

선배 농업인이 그동안 치열한 노력 끝에 배운 고급 정보들은 그 가치 자체로 보존되어야 한다고 생각한다. 멘토가 되는 선배 농업인이 좋은 마음으로 자신의 정보를 공유한다면 반드시 그에 맞는 보답을 하는 것이 맞다고 생각한다.

"세상에 공짜는 없다." 아버지께서 항상 하신 말씀이다. 선배 농업인이 바쁜 시간을 내어서 성의껏 가르쳐 준다면 그에 걸맞은 답례를 사전에 미리 준비를 하는 것이 바람직한 일일 것이다.

선배 농업인에게 도움을 요청하거나 제안을 할 일이 있을 때, 무작정 전화를 하는 것보다 사전에 자기소개를 문자나 메일로 보내고, 그다음에 전화를 거는 것이 맞는 순서이다.

문자를 보내거나 이메일을 보낼 때도 농업경영자로서의 전문성이 드러날 수 있다. 앞서 이야기했던 자신에 대한 성찰을 통해 농업경영자로서의 아이덴티티를 정의하고 자신에 대한 소개를 담은 이야기를 미리 준비하여 누군가에게 제안할 일이 있을 때 활용하도록 한다.

4. 농업에 관한 전문 지식 쌓기

농서남북https : //lib.rda.go.kr/이라는 사이트를 적극 활용하자.

농업과학기술 도서를 주로 취급하는 사이트인 농서남북에서는 농업에 관한 정보가 담긴 책을 무료 pdf로 볼 수도 있고 저렴한 가격에 구매할 수 있다. 우리나라 농업직 연구자들이 관련 자료들을 체계적으로 모두 공개해 두었으므로 모르는 사항이 있으면 담당 농업직 공무원에게 전화하면 된다.

전 세계적으로 이렇게 체계적인 농업 공부 시스템은 흔치 않다. 농업 학교가 아니어도 농업 전문 공부를 할 수 있는 자료는 얼마든지 쉽게 얻을 수 있다는 말이다. 그러니 자신이 몸담은 농업 분야에 대해 잘 모른다는 것은 핑계일 뿐 관심만 있다면 얼마든지 전문 지식을 쌓을 수 있다는 사실을 잊으면 안 된다. 농업에 관련된 다양한 책을 읽고 지식을 쌓으며 나만의 언어로 데이터를 축적하는 것 또한 농업경영을 하는 데 있어 매우 중요한 일 중 하나일 것이다.

세상 모든 것이 다 그렇지만 농업 분야도 '아는 만큼 보인다'는 사실을 잊지 말자.

농업인 콘텐츠의 주인공이 되자

농업을 한다는 것 자체가 이미 다이나믹한 삶이다.

최근 1인 출판이 유행처럼 번지고 있는데, 부크크라는 사이트에서는 자신의 이야기를 정리해서 무료로 출판하는 것이 가능하다.

농업 경영자도 자신의 이야기를 글로 적고 기록하여 이를 되새겨볼 필요가 있다. 모든 사람들이 그렇지만, 창업가의 고군분투한 스토리는 매우 흥미로워서 주요 드라마의 단골 소재로 쓰이기도 한다. 그런데 그러한 이야기 속에서 농업 경영인의 다양한 삶이 잘 알려지지 않은 부분이 있다.

세상 어디에도 없는 나만의 이야기를 기록하여 콘텐츠의 주인공이 되자.

그동안의 기록된 글들과 자료들을 활용해서 자신이 원하는 콘텐츠에 맞춰 내용을 가감하면 된다. 목표를 세우고 마감 기한을 정하는 등의 세부 계획을 만들어 꼭 나만의 콘텐츠를 제작해 보자.

무엇을 어떻게 시작할지, 아래와 같은 질문을 스스로에게 던지고 답을 찾으면서 방향을 정하면 도움이 된다.

> **스스로에게 하는 질문**
> - 내 농장이 어떤 농장으로 성장하면 좋을까?
> - 내 농장에 가장 필요한 것은 무엇인가?
> - 소비자가 관심을 가졌으면 하는 것은 무엇인가?
> - 소비자에게 어떤 것을 주고 싶은가?
> - 어떻게 하면 소비자들에게 다양한 경험을 이어줄 수 있는가?

하나의 콘텐츠가 만들어지고 여러 플랫폼에 올리면 나의 이야기에 공감하는 사람들을 통해 다른 사람에게 전달되고 또 전달되면서 나의 이야기가 기하급수적으로 퍼져나갈 수 있다. 그렇게 사람들의 관심을 받게 되면 창업에 성공하는 길로 한 발짝 다가갈 기회를 만나기도 한다. 그렇기 때문에 우리는 어떤 이야기든지 매일, 꾸준히 기록해야 한다.

여러분은 어디에다가 기록을 하고 있는가? 자신이 평소에 기록하고 있는 공간을 떠올려 글로 적어보자. 예) 블로그, 인스타그램, 페이스북, 종이 기타 등

26 캐릭터, 굿즈 개발하기

우리 농장을 대표하는 얼굴

....

캐릭터가 꼭 필요한가?

각 농업회사들이 가지고 있는 가치와 미래 비즈니스 모델을 생각해서 회사의 이미지가 될 수 있는 캐릭터 개발을 고려해 봐야 한다. 캐릭터는 언제든 변화할 수 있으므로 감당할 수 있는 비용 안에서 개발해 보는 경험을 가지는 것은 유의미한 일이다.

농업의 캐릭터, 즉 농업을 대표하는 상징이나 이미지는 농업회사 및 상품을 널리 알리는 데 큰 역할을 한다. 시각이 주는 효과는 어마어마하지만, 시대에 맞지 않은 구식 디자인은 바로 개선할 필요가 있다.

농장의 이미지를 누구에게 어필하고 싶은가? 누구를 위한 캐릭터인가? 객관적인 시각과 평가가 필요하다.

최근에는 빙 이미지크리에이터 bing image creator 등의 생성형 AI를 활용하여 쉽게 캐릭터를 만들 수 있다.

농업을 사랑하는 꽃수정 캐릭터 3가지 버전

이 캐릭터들을 만드는 데 고액의 비용이 들지는 않았다. 우연한 계기로 만난 그림을 잘 그리는 학생과 생성형 AI 등이 그려준 그림이다.

캐릭터를 가지고 활용할 수 있는 요소는 많은데, 쉬운 예로 우리 농장의 정보를 담은 팜플렛이나 농업 웹툰 등을 디자인할 때 쓰일 수 있다.

실행 요소

실행 요소	확인하기	생각 적기
캐릭터에 대해서 생각해 보기	☐	
관심 있던 캐릭터 찾아보기	☐	

생성형 AI로 만든 농업의 아이돌 콩과 웹툰 스토리

글을 마치며

이미 여러분은 그동안 많은 교육을 받았기 때문에 농업경영에 대해 많은 것을 알고 있다. 지금 잘 모르면, 앞으로 알면 된다. 세상에는 공부해야 할 것도 많고 재밌는 것도 많다. 자신만의 스마트팜 기업가정신 역량을 가지고 성장하는 사고방식으로 배우며 나아가면 된다.

"앞으로 농산업 분야는 어디까지 확장될 것인가?"

농업이 가능한 규모의 토지를 보유하고 있다면, 1차 농산물 재배만 해도 충분할 수 있지만 그렇지 못한 경우가 대부분이라, 본인이 보유한 단위면적당 토지 내에서 수익성을 거두기 위한 다양한 노력을 동반해야 한다. 여러 장기적인 계획을 세우고 꾸준히, 제대로, 반복적으로 무언가를 해야 한다.

"농업과 연계해서 어떤 것들을 엮어볼 수 있을까?"

처음에는 나도 너무나 많은 일들을 무리하게 하다 보니 몸이 아프기도 하고 부정적인 생각을 할 때도 많았다. 체계적이고 장기적인 플랜이 필요한데, 그 부분을 물어볼 사람이 없다는 생각에 좌절도 했다. 그러나 내가 몰랐을 뿐, 도움을 주고 함께 성장할 사람들은 얼마든지 있다. 지역 내에 없다면 온라인상에도 도움을 나눌 사람은 많이 있다. 아직 배워야 할 게 많고, 지금 이 순간에도 내가 알고 있는 것이 이 세상의 전부가 아니기에 차근차근 나아가고 있다.

어렵고, 힘들고, 지쳤던 나의 이야기가 부끄럽기보다는 삶의 한 과정이라고 생각한다. 이 모든 순간을 버티고 노력해서 자신만의 스마트한 농업 기업가정신을 성장시키는 계기가 되었으면 한다. 농업혁명! 이제 시작이다.

저자 김수정

박상희

- 전) 한농연중앙연합회 정책실장
- 전) 국회의원 비서관(5급 상당)
- 전) 홍성군청 친환경농정발전기획단 전문위원(6급 상당)
- 현) 성결대학교 객원교수
- 현) 공주대학교 강사
- 현) 한국외식산업협회 수석 자문위원
- 현) 한국지역개발학회 이사
- 현) 단국대학교 대학원(환경자원경제학과) 농업경제학 박사
- 'KBS 심야토론 패널' 등 다수 방송 출연 / '현장 농민 및 소비자 대상 강의 중'
- 수상 : 농림축산식품부 장관 표창, 서울시장 감사장
  충남도지사 · 홍성군수 표창

김수정

- 전) 공립 농업고등학교 부장교사(임용고시 2회 합격)
- 마이크로소프트 혁신교사 : Microsoft Teams 활용 수업 사례 발표 : 스마트팜 데이터활용 방안
- 농업고등학교 스마트팜 온실 설계 및 시공 담당 최종 책임 담당자 2회
- 아산나눔재단 기업가정신 티처프러너 1기
- ASEAN 직업교육 국제협력 농업교육 컨설턴트
- ICT 농정원 청년실습전문교수 선정
- UNFAO 한국협회 식량안보 교육 담당
- 기업가정신교육 우수사례 중소벤처기업부장관상 수상
- 경북신사업창업사관학교 도전123피칭대회 대상
- 현) 그린에이션(GREENATION) 농촌융복합회사 대표

스마트팜 농업혁명

발행일	2024년 12월 15일(2쇄)	발행인	조순자
발행처	인성재단(지식오름)	디자인	김현수
저자	박상희/김수정 공저		

※ 낙장이나 파본은 교환해 드립니다.
※ 이 책의 무단 전제 또는 복제행위는 저작권법 제136조에 의거하여 처벌을 받게 됩니다.

정가   30,000원   ISBN   979-11-93686-61-4